新化学「もの」を見る目

大野惇吉　安井伸郎　牛田　智　塩路幸生

三共出版

『新化学』へのまえがき

『化学「もの」を見る目』初版を上梓したのは1988年，今からもう四半世紀以上前のことになる。その後，2001年に改訂を行い，『新版　化学「もの」を見る目』として現在に至っている。この間，多くの読者を得ていることは筆者らの大きな喜びである。

さて，「近年の科学技術の発達は私たちにあり余るほどの製品を提供してくれている。しかも，新しい高度な製品がどんどん開発され，とどまるところを知らない。」という一節を私は今改めてかみしめている。これは，初版の序章の一部，すなわち四半世紀以上も前に書かれた一節である。しかし，この表現は13年後の『新版』への改定時にも色あせておらず，そのまま『新版』に継承した。それどころか，この表現は，現在でもそのまま通用する。

この文が四半世紀を経ていまだ色あせないのは，科学技術とは文字通り「とどまるところを知らず」発展し続けるという特性を持つからであろう。しかし，もちろん，その科学技術の中身，また「新しい高度な製品」は，初版刊行当時と今とでは，まったく違っている。20世紀の終わりから21世紀初頭の四半世紀の間に，私たちの日常の暮らしの中に広く取り入れられるようになった「新しい科学技術」をここで思い出してみよう。燃料電池，太陽電池，LED（発光ダイオード），液晶画面，ハイブリッド車，GPS，デジタルカメラ，など枚挙にいとまがない。この中で化学に深く結びついているものとしては，燃料電池，太陽電池があげられる。これらは，化学という学問がもたらした知見を抜きにしては得られることはなかった。一方，化学は私たちに，新しい材料物質を提供し続けていることも忘れてはならない。例えば，近年，私たちの暮らしに画期的な変化をもたらす可能性を秘めたものとして，カーボンナノチューブ，グラフェンなどの新素材が注目されている。さらに，極微の世界，すなわちナノの世界を「見る」技術も化学の得意分野である。この技術は，ナノテクノロジーという新しい分野の展開をもたらし，また，生体反応の仕組み解明に大きな役割を果たしている。こうして見てみると，新しい技術分野への化学の貢献は実に多様であることがわかる。

化学は，物質の成り立ちや変化を原子，分子，イオンのレベルで解釈する学問である。世の中のあらゆる現象は，微視的な目，言い換えると「化学の目」で見ることによってはじめて正しく解釈できる。本書は初版以来，こうした「化学の目」で身の周りを見ようとする態度を，読者，とりわけ若い人たちに知ってもらうことを目指してきた。そして，その思想を「ものを見る目」という書名に表した。今回の『新化学』への改訂では，この思想をさらに拡張し，上記「新しい科学技術」を「化学の目」で見ることによって，その原理，特性を理解しようとする態度の涵養を目指す。科学技術とは地球環境を守りながら人類の繁栄を求めるための道具であり，そのことを鑑みれば，今回の改訂は，人類の繁栄と地球環境の保全の両立という大命題を，「化学の目」で探ろうという試みであると言える。

このように，今回の改訂は，前回（2001 年）の「新版」への改訂と比べ，かなり大胆な目論みをもって着手された。その思いは，『新化学』という書名への変更に込められている。具体的に言えば，前版第 9 章の一節であった「天然の高分子物質」を独立させて第 10 章「生命の化学」とし，内容の量的質的充実を図った。これは，近年の生物学では分子レベルの研究がいっそう盛んになっており，生命をつかさどる基本的な物質を「化学の目」で網羅的に見ておくことが重要であると考えたからである。さらに，新しい章として第 11 章「エネルギーの化学」と第 12 章「ナノって何なの？」を付け加えた。前者では，最近注目されている燃料電池と太陽光発電について，原理，有用性などを「化学の目」を通して解説した。後者では，ナノテクノロジーについて述べた。ここには，上に述べたカーボンナノチューブが登場する。また，ナノを「見る」新技術も紹介している。一方，全編を通じ，新しいトピックを「囲み」として随所に配置した。そのそれぞれが，化学への興味の入り口になることを期待してのことである。

もちろん，化学という知識体系を貫く根本原理は不変である。したがって，本書の中核をなす部分の記述に初版から大きな変更はない。また，本書を特徴づけるユニークな章立てもそのまま『新化学』に引き継いだ。つまり，まず身近な物質を微視的に（言い換えれば，「化学の目」で）捉えるところから始め，そのような物質がどのようにして成り立っているのか，分子のかたちはどうして決まるか，というように続く。以上のように，大学初年度レベルの化学教科書としての本書の役割は従来のまま変わりないものと信じる。

さて，このまえがきの冒頭にあげた文もそのまま『新化学』の序章に継承した。科学技術は，人類の繁栄と地球環境保全の両立を目指して現在も進歩し続けているのであり，将来にわたってもそうあってほしいと願うからである。世の中の現象を「化学の目」で見る，そしてまた「新しい科学技術」の原理を「化学の目」で理解する。このことが，次の「新しい科学技術」への扉となるのであり，今回の改訂は「化学の目」を「新しい科学技術の開発」へいざなう大胆な試みであった。その試みは，果たして成功しているのだろうか。それは，読者の判断にお任せするしかない。

今回の改訂にあたっては，三共出版　秀島功氏にたいへんお世話になった。ここに，深く感謝の意を表したい。

2015年　新春

筆者しるす

はじめに（初版）

現代に生きる私たちは，人類がかつて経験したことのない豊かな暮しをしている。科学技術の発達によって私たちは，さまざまな便利な製品を利用することができる。しかし，これら高い科学技術がもたらす産物に限らず私たちが古くから利用しているもの，あるいは自然界に存在しているものなど，私たちの身のまわりにあるものはすべて化学物質である。これらの物質を，単なる「もの」としてとらえるのではなく，化学物質として認識し，より深い理解ができるような概念を学んでもらおうとすることに本書のねらいがある。

電卓の原理や仕組みを知らなくても使うのに不自由はないのと同様，化学的な概念や知識がなくても，実生活において，さまざまな化学物質の中で生活することは可能であるし，またそれらを十分使いこなしていけるであろう。しかし，化学的な考え方を身につけることにより，物質とはどういうものか，そしてそれらが織りなすさまざまな現象がどのような仕組みで，なぜ起こるのかといったことを本質的に理解することができ，身近な生活の中で体験する現象や身のまわりを取り囲む「もの」に対する見方がより深いものになるはずである。

さまざまな物質や現象を化学的にとらえるためにまず必要なことは，物質を微視的（ミクロ）な視点から眺める力を養うことである。微視的な視点とは，物質を分子・原子のレベルで「見る」ことである。このような観点から，本書では，なるべく「模型」を用いて視覚的な理解を助けるようにした。ただ，原子や分子の世界を実際に顕微鏡で拡大して見ることはほとんど不可能であるから，もし拡大して見ることができたらどうなっているだろうか，というふうに話を進めている。

また，こうやって「見た」ものを表現する方法も化学では重要である。見たままをスケッチするように書き表すこともできるかもしれないが，実用的には，簡略化して記号化した「化学式」というものを用いるわけである。化学式に拒否反応を示す読者も多いだろうが，物質を表す便利な「記号」であるということを本書を通じて強調した。また，化学式の読み方になれてもらうため，一つの化合物の化学式を二種類以上の違う書き方で示したり，化学式から読み取らなくてはならない事項について詳しく説明したりした。

化学的な現象を理解するには，原子というものがどういうもので，それがどうつながって物質ができているかということを知る必要がある。このような理由から，多くの教科書では「原子とは何か」というようなところから話が始まる。ところが，原子というものは私たちには実感できないものなので，物質を分子・原子のレベルで理解できるようになるためには，まず「微視的に見る」という態度を養うことが必要であると考えた。そこで本書では，まず身近な物質を微視的にとらえてみる（2章），というところから話を始めた。そして，そのようなとらえ方をするためには原子の構造と，それらがどのようなしくみで結びついているかを知らなければならない（3章），という形で話を進めるよう章を構成した。さらに，そうやって形づくられた分子の形はどうして決まるのか（4章），物質はどのように存在しているか（5章），と続けた。この章立ては，他書に見られないユニークなものであると信ずる。また，最後の章（9章）では，日頃の生活でなにげなく接している物質をいくつかとりあげ，微視的な「化学の目」でながめてみた。

序論としての第1章では，私たちの生活の中に化学がどれほど顔を出しているかを具体的な例をあげて述べ，化学を身近なものとしてとらえることを試みた。それと同時に，いくつかの疑問を提起してみた。このことは，なぜ化学を学ぶのかということについて，一つの指針を与えるであろう。これらの疑問に対する解答は，第2章以降に示されている。

そのほか本書では，本文を読んだだけでわかるようていねいな説明を心がけた。そして，読者が常に新たな疑問を発見しながら先へ読み進めるよう配慮したつもりである。なお，踏み込んだ内容については小さめの文字で書いた。この部分は読みとばしてもらってもかまわない。

昭和63年新春

著者しるす

目　次

4　分子の形はどうして決まるか

5　物質はどのように存在しているか

6　化学反応はなぜ起こるか

7　酸と塩基

8 酸化と還元

9 生活と化学物質

10 生命の化学

コラム

1 なぜ化学を学ぶか

私たちは，さまざまな物質に囲まれて生活している。朝目覚めてから夜床につくまで，天然の物質，人工的に作られた物質を問わず，いったいどれほどの種類の物質と接しているか,想像もつかないほどである。「衣食住」の「衣」に関するものだけを拾い上げても，衣服の素材である繊維，その繊維を染める染料，またそれを美しく保つための洗剤，仕上げ剤などいくらでもある。さらに，広く宇宙に目を向ければ恒星や惑星を形作るガス状物質や岩石類などがあり，また私たちの地球をおおう大気には酸素，窒素などの気体物質が含まれている。そして，海には塩化ナトリウムという物質を溶かし込んだ，水という物質がある。私たち自身の体でさえ，実に数多くの物質から成り立っているのである。

私たちはまた，物質の変化にも日ごろ接している。ものが燃えるということ，金属がさびるということ，乾電池の中で起こっていること，家庭で行う漂白など，いずれも物質の変化である。さらに，広い宇宙の至るところで物質の変化は起こっているし，生物が生きるということは生体内の無数ともいえる物質変化が織りなす営みそのものである。また，物質というものが他の物質に変化し得るものだからこそ,石炭や石油などを原料とし,人工的にこれらを変化させて私たちに有用な物質を作ることができるのである。

こう見てくると，私たちの生活が，いかに多くの部分で物質に支えられて成り立っているかということに気づくだろう。「化学」の役割は，こうした物質の性質，また物質の変化の様子を明らかにすることにある。つまり「化学」とは,私たちの生活の基盤に密接に結びついたものであるといえる。

それでは,「化学」はどういう方法で物質を眺めようとするのだろうか。また,物質を「化学」の方法で眺めることが私たちにどのように役立つのだろうか。これらの問いに対する答えは,この本の中に与えられているはずである。これから私たちは,それを探しに行こうと思う。この章ではまず初めに,「なぜ化学を学ぶか」ということから考えてみよう。

ちなみに,デパートやスーパーを歩いてみよう。衣料品,食料品,電気製品などがところ狭しと並んでいることがわかるだろう。近年の科学技術の発達は,私たちにあり余るほどの便利な品々を提供してくれている。しかも,新しい高度な製品がどんどん開発され,とどまるところを知らない。これら新製品の開発は,新しい機能を持った化学物質〜新素材,新機能材料〜の開発によるところが大きい。つまり,いわゆる「ハイテク」のおおもとは,「化学」が支えているといっても過言ではないのである。

日常生活の中の化学

日常生活の中には,いろいろの「化学」が見られる。ここで,あたりまえと思っている事柄について,化学の立場から少し疑問を投げかけてみよう。朝起きて,セッケンで顔を洗う。セッケンは,天然の油脂を原料として化学変化によって作られた物質である。どんな変化で油脂からセッケンができたのだろうか。さて,油脂は水に溶けないがセッケンに変わると水に溶ける。そして,その水溶液は,水に溶けない油汚れを落とす働きをする。セッケンにはなぜ,このような働きがあるのだろうか。ほかに,どのような物質が,セッケンと同じ働きをするのだろうか。

朝食の食卓にはコーヒーがある。コーヒーの成分はふつう,ひいた豆から熱湯で抽出される。常温の水で抽出する方法もあるが,この方法は時間がかかる。コーヒーの成分が溶け出す速度が,温度によって違うのはなぜだろう。次に,コーヒーに砂糖を入れることにしよう。かき混ぜると簡単に溶けるだろう。ちなみに,砂糖をサラダオイルに入れてみよう。ほとんど溶けないことがわかる。砂糖はなぜ,水(コーヒー)には溶けるが,油(サラダオイル)には溶けないのだろうか。コーヒーを入れるためにはお湯を沸かす。私たちは,水が100℃で沸騰することを知識として知っている。

また,水は0℃になると流動性をなくし固体(氷)になることも知っている。ある決まった温度でこのような現象が起こるのは，なぜなのだろうか。

お湯を沸かすために，ガスをつけたに違いない。ガスレンジは空気（酸素）を取り入れて天然ガスやプロパンを燃やすようになっている。物質の燃焼とは，その物質が酸素と反応する化学反応であるが，ガスと酸素を混ぜただけでは反応は起こらない。つまり，初めに火をつける必要がある。そして，いったん火をつけると，どんどん燃焼は進む。なぜ，火をつけなければガスは燃え始めないのだろうか。火をつけたらなぜ，ガスを止めるまで燃え続けるのだろうか。また，こうして燃えるガスの炎は熱い。燃えて熱が出るということは，いったいどういうことなのだろうか。

朝食で食べたパンや米は，私たちの体内で分解され吸収されて栄養となる。パンや米はほうっておいてもすぐに分解されることはないが，いったん体の中に入ると数時間のうちには見るかげもなく分解されてしまう。そして摂取された栄養物質は，さらに二酸化炭素や水などに分解され，このとき私たちが活動するためのエネルギーを生じる。あるいは，これらの物質はからだを作る別の物質に変換されることもある。これらの変化は，すべて体の中で起こる化学反応である。ところで，いま食べたパンは，小麦という植物が,水と空気中の二酸化炭素を原料として,太陽の光エネルギーを利用して化学反応によって合成したものである。この反応はよく見ると,私たちの体内で起こっている反応のちょうど逆向きになっていないだろうか。すなわち，小麦などの植物がエネルギーを消費して水と二酸化炭素から作った物質を，私たち動物は逆に，水と二酸化炭素に分解することでエネルギーを得ているのである。これらは，どういう仕組みの化学反応なのだろうか。

つぎに,私たちが身につけている衣服を考えてみよう。人間は古くから,天然に存在する繊維を衣服に利用してきた。羊毛や絹，木綿や麻がそうである。これらは，それぞれ動物や植物がその体内で化学反応によって作った物質である。一方，ポリエステルやナイロンやアクリルなど，石油，石炭などを原料とし,化学反応によって人工的に工場で作られる繊維もある。なぜこれらの物質は，繊維として衣服の材料になることができるのだろうか。繊維になる物質には，化学の目で見ると何か共通点があるのだろうか。

衣服にはさまざまな色がつけられている。染色とは，染料という物質を洗濯などで落ちないように，繊維に結びつける操作である。染料と繊維は，どのような力によって結びつくのだろうか。また，染料など，物質が色をもつということはどういうことなのだろうか。

さて，衣服を洗濯する場合を見てみよう。汚れという物質を，繊維という物質から，洗剤という物質を用いて引き離すのが洗濯である。洗剤の箱の成分表示を見てみると，さまざまな化学物質が含まれていることがわかる。洗濯の過程では，これらの物質がどのような働きをして汚れを落とすのだろうか。また，衣服に対して漂白剤を使うことがある。漂白剤の働きは，酸化反応や還元反応という化学反応によって，色のある成分を分解することである。これらは，どういう反応なのだろうか。

日常生活をちょっと眺めただけで，こんなに多くの疑問が現れてきた。これらの疑問に対する解答は，どうやって得られるのだろうか。

化学の目で見てみよう

私たちは,身のまわりにあるあらゆる物質を「見る」「触れる」「味わう」「嗅ぐ」あるいは「聞く」といった，いわゆる五感を通じて認識している。たとえば「水」という物質は，無色透明の液体で匂いがなく，味もほとんどせず……というふうに認識している。ところで，五感だけを頼りにして私たちは，物質の性質を理解することができるのだろうか。物質の関わるさまざまな現象の起こる仕組みを,明らかにすることができるのだろうか。残念ながら,私たちが五感を通じて認識できるのは物質の巨視的（マクロ）な振舞いだけであり，巨視的に見るかぎり，いろいろな物質の性質，およびその変化について，その本質まで理解することはできない。

物質とその変化の様子を理解するためには,「化学の目」が必要である。つまり，物質や物質の関わる現象を，私たちが直接認識することのできない微視的（ミクロ）なところ，すなわち原子・分子の世界まで「見て」いくことによって初めて，先に示したさまざまな疑問に対して明確な解答を得ることができるのである。この微視的な「目」が「化学の目」にほかならない。

この本を通じて私たちは，あらゆる物質を，その物質がどのような粒子がどう集まって構成されているかという,微視的な視点（＝「化学の目」）からとらえることを学んでいこうと思う。この本ではまず，物質とは何かというところから見ていくことにする。そこで私たちは，物質とは非常に微細な粒子からできているものである，ということを知るだろう。次に，それではそのような粒子がどうやって集まって物質が形作られるのかを考える。そのあと，こうして形作られた物質のさまざまな振舞いを微視的に見ていこう。それは，私たちが五感を通じて直接見ることのできる巨視的な性質につながっていくはずである。

化学といかにつきあうか

化学は一般には，なかなかなじみにくい学問である。テレビの科学番組や新聞，雑誌の科学記事でも，化学が優遇されているとはいえない。それは，化学が目に見えない世界のできごとを表現しようとしているからかもしれない。化学では，わけのわからない物質の名前（しかもカタカナの長い名前）がやたらに出てきたり，元素記号や，見ただけで頭が痛くなりそうな記号－化学式（亀の甲に代表されるような）－が出てきたりする。さらに，ある物質を手に取ったとき，その物質とそれを表す記号－化学式－とのギャップが大きいことも，化学をわかりにくく，なじみにくいものにしている。

先にも述べた通り，化学とはあらゆる物質，あらゆる変化を微視的な目で見ていこうとする学問である。物質を微視的に見るということは，物質を原子・分子のレベルで理解することである。物質を微視的に眺め，原子や分子を実際に目で見えるくらいに拡大したとして考えるとき，それをそのままスケッチしたように描くこともできる。しかし，そのスケッチを簡略化して記号で表せば便利である。そのために，いくつかの約束ごとを決めて物質を表現したのが「化学式」である。化学式は，化学をむずかしくしようとして使われているのではなく，物質を原子・分子のレベルで理解するための手段としてたいへん便利なものであるということをよく認識してほしい。

また，化学における現象は非常に多様である。構造のよく似た化合物どうしが必ずしも同じような性質を示すとは限らない。そのため化学ではあるひとつの理論ですべてが説明できることはまれで，常に例外的な現象が存在する。しかし，化学を学ぶときそのような多様性に注意を向けるよりも，化学的な考え方をまずつかむことが重要である。こうした理解の後に，多様な物質や現象を見直すようにしてほしい。

なぜ化学を学ぶか

私たちが，生活に必要なさまざまな物質を正しく取り扱うにあたって，「化学の目」は重要である。私たちが化学を学ぶのは，物質を微視的に見る「目」つまり「化学の目」を養い，身近な物質に対して誤った認識をもたないようにするためである。また，物質を微視的に見ることにより，日頃見なれている物質が違った形に見えてくるだろう。このことは，私たちの世界を一層広げてくれることにもなるだろう。

この章の結び

さて，先のいくつかの疑問に対して，ここではあえて解答を示さない。この本を一通り読み終えたとき，再びこの第1章に帰って読み直してもらいたい。そのとき，これらの疑問にはっきりとした解答を与えられるようになっているであろうか，確かめてほしい。

それではこれから,化学の森に分け入って行くことにしよう。初めは黒々とおそろしげに見える化学の森も，抜け出てしまえばその一本一本の木の枝ぶりや葉の色もはっきりわかるようになるだろう。また，森の全体的な形まで理解できるようになるはずである。あまりむずかしく考えず，軽い散歩にでも出かけるような気持ちで，さあ，出かけよう。

2 物質とは何か

私たちは，あらゆる物質の性質，あるいは物質の変化の様子を巨視的（マクロ）な視点に立って認識している。しかし，いろいろな物質の織りなす現象がなぜ，どのような仕組みで起こるのかということを理解するためには，あらゆる物質を微視的（ミクロ）な視点から「見て」いかなくてはならない。このような見方によって初めて，物質の性質，さまざまな現象の本質が明らかになるのである。

まずこの章では，微視的に見たとき，物質というものはどのように構成されているのかということを考えてみたい。例として，身近な物質であるアルミニウム，食塩，水，エタノールを取り上げよう。

2-1　物質は何からできているか

微視的に見ると，どんな物質でも，ある微細な粒子の集まりである。しかし，その粒子の種類や粒子の集まる仕組みは，物質の種類によって異なっている。

水という物質をどんどん細かいところまで見ていくと，同じ形をした粒子がたくさん集まってできていることがわかる。この粒子が水分子という粒子であり，水という物質を構成する最小の単位となっている。水と同様，分子が最小単位である物質は数多くある。分子の形や大きさは，それぞれの物質の分子に特有なものである。

これに対し，塩化ナトリウム（食塩）という物質は，微視的に見れば正の電荷を持つナトリウムイオン（Na^+）と，負の電荷を持つ塩化物イオン（Cl^-）という2種類のイオンが同じ数だけ集まってできている。このように，イオンという粒子から構成される物質もある。その構成単位であるイオンには，正のイオン（陽イオン）と負のイオン（陰イオン）があり，巨視的に見たとき全体では電気的に中性となっている。

さらに,原子という粒子がその最小の構成単位になっている物質がある。たとえば，鉄，金，銀，銅のような金属は，それぞれ鉄原子，金原子，銀原子，銅原子という粒子が規則正しく並んで構成されている。

水 100 mL とエタノール 100 mL を混ぜ合わせると，この混合物の体積は両者の合計 200 mL より小さく，194 mL ほどにしかならない。これは，水とエタノールがともに分子という粒子からなっており，これら大きさと形の違う 2 種類の分子が，互いに隙間を埋め合うように混じり合う結果であると解釈できる。

これまでの説明で，あらゆる物質はきわめて微細な粒子の集合体であることが明らかになった。これらは，その最小単位となっている粒子の種類の違いによって，次の 3 つのタイプに分けられる。それぞれの物質の性質は，それを構成する最小単位の粒子の性質を反映している。

①　分子が最小単位である物質

②　イオンが最小単位である物質

③　原子が最小単位である物質

これら 3 つのタイプの物質について，それぞれ，もう少し詳しく調べていこう。説明のために，原子が最小単位である物質，イオンが最小単位である物質，分子が最小単位である物質，の順に見ていくことにする。

2-2　原子が最小単位である物質

アルミ箔や一円玉などに使われているアルミニウムという金属は，巨視的に眺めれば銀白色の光沢を持つ物質である。そして，常温で比重 2.7，融点は 660℃ で，塩酸などの酸と反応すると水素ガスを発生して溶ける，という性質をもっている。一方，微視的にこのアルミニウムを眺めてみると，固体の状態ではアルミニウム原子が図 2-1 のように規則正しく際限なく並んでできていることがわかる。アルミニウム原子は非常に小さな粒子

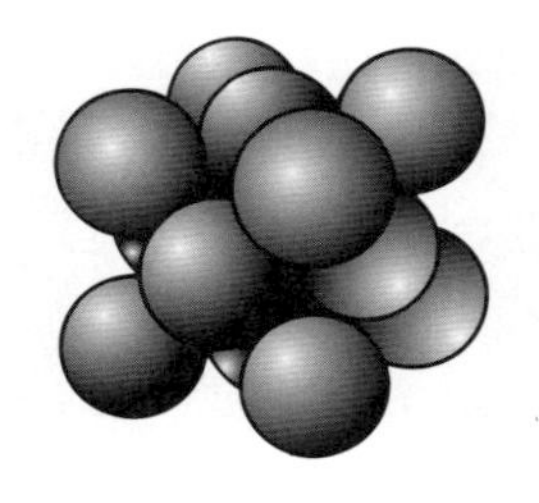

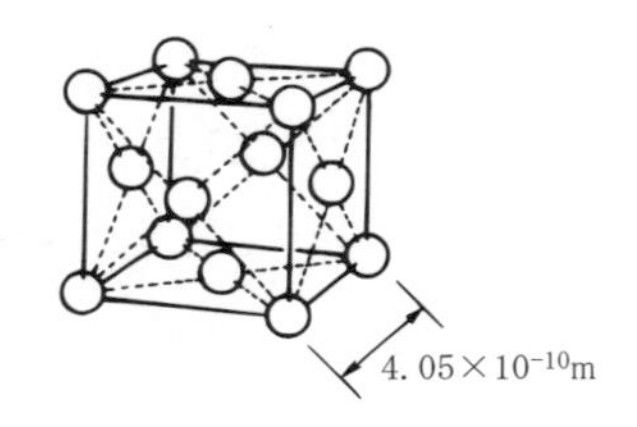

(a)アルミニウム原子が並んでいる様子　(b)骨格模型で表したもの。原子の並び方が理解できる。

図 2-1　アルミニウム（Al）の結晶構造

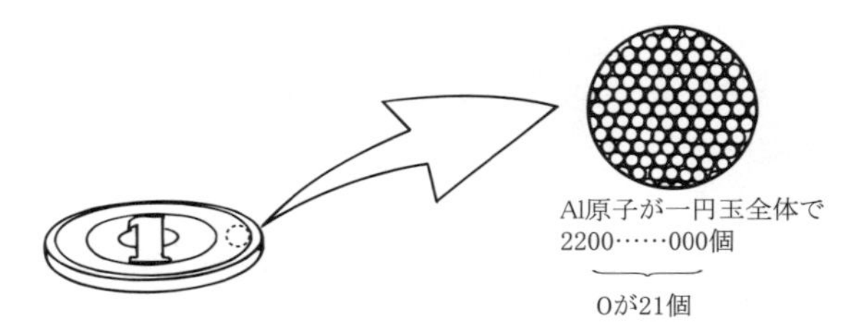

図 2-2　アルミニウム原子の大きさ

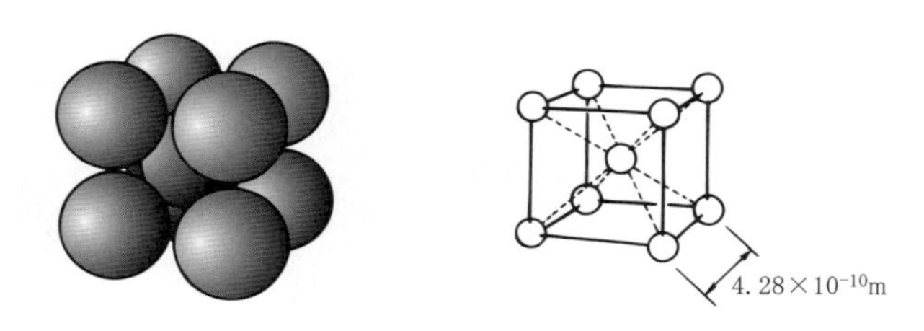

(a)ナトリウム原子が並んでいる様子　(b)骨格模型で表したもの

図 2-3　ナトリウム（Na）の結晶構造

で，約 2.2×10^{22} 個のアルミニウム原子が集まって，1 g（一円玉 1 個分）のアルミニウムができあがる（図 2-2）。

また，ナトリウムという金属は，ナトリウム原子が図 2-3 のような形で規則正しく限りなく並んでできている。一般に，金属は単一の原子が，ある一定の規則に従って集まってできた物質である。なお，原子が最小単位である物質を表すには，それを構成する原子の元素記号を使う。つまり，アルミニウムは Al と書き，ナトリウムは Na と書き表す。

原子？　元素？

前の文では，「アルミニウム」という言葉は，アルミニウムという金属の物質を指している。ところが，アルミニウム原子を指す場合にも，単に「アルミニウム」ということがある。さらに，「地中にはアルミニウムが多く含まれている」と言った場合は，「アルミニウム」という語は元素を示している。同様に，「骨を丈夫にするために，カルシウムをとらなければならない。」と言ったとき，「カルシウム」という語は元素を指している。したがって，アルミニウム原子や，元素としてのアルミニウムと区別するため，物質としてのアルミニウムを，特に「金属アルミニウム」とよぶことがある。

また，「水は酸素と水素からできている。」と言った場合，「水の分子は，酸素原子と水素原子が結合して成り立っている。」「水という物質を作っている成分は，酸素という元素と水素という元素である。」という２つの解釈が成り立つ。このように，ある１つの言葉が，物質全体（そのもの）を意味したり，１粒の原子や分子を意味したり，元素を意味したりすることがある。それぞれの場合で，明確に区別することが重要である。

2-3　イオンが最小単位である物質

金属を作っている粒子の最小単位は原子であった。これに対し，原子そのものではなく，正の電荷をもつ陽イオンと負の電荷をもつ陰イオンが，物質を構成する粒子の最小単位となっているものがある。たとえば，塩化ナトリウム（食塩）の結晶は，同数のナトリウムイオン（Na^+）と塩化物イオン（Cl^-）が異種の電気間に働く吸引力で結びついて集ってできている。結晶状態では，これら2種類のイオンは，前後，左右，上下方向に交互に規則正しく限りなく並んでいる（図 2-4）。

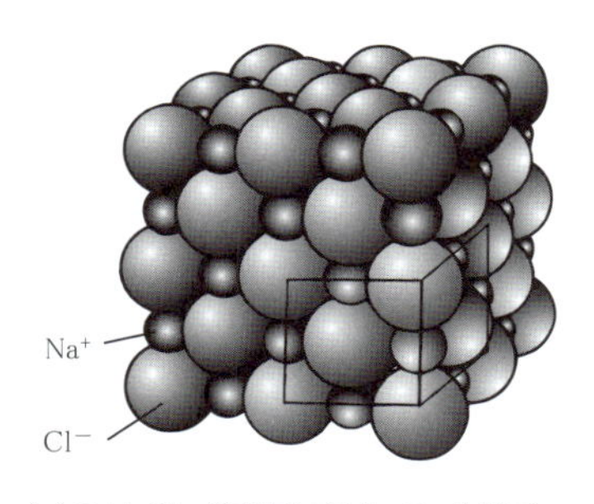

(a) Na^+とCl^-が交互に並んでいる様子

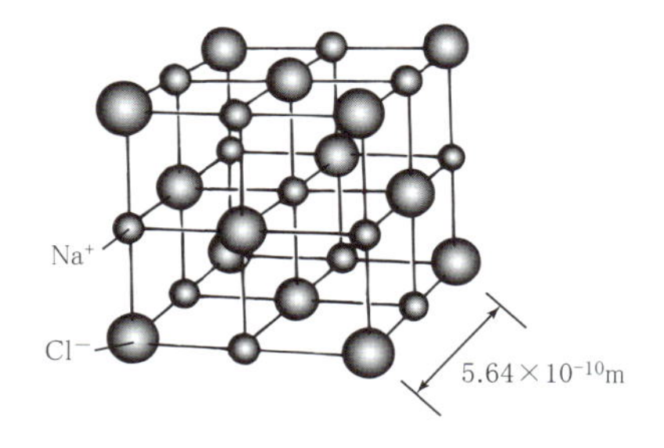

(b) これらイオンの位置関係をわかりやすく示すため，(a)の四角で囲った部分を骨格模型で表したもの

図 2-4　塩化ナトリウム（NaCl）の結晶構造

ナトリウムイオンとは，中性のナトリウム原子から，負の電荷を持つ電子1個が失われて正の電荷を帯びたものであり，塩化物イオンとは，中性の塩素原子が，電子1個を与えられて負の電荷を帯びたものである。ナトリウムイオン（Na^+）や塩化物イオン（Cl^-）のように，イオンは，そのイオンのもとになる原子の元素記号に＋または−の記号をつけて表す。イオンは原子が正か負のいずれかの電荷を帯びたものであり，もとの原子とほぼ同じ重さのきわめて微細な粒子であるが，電荷を帯びることによって，もとの原子とはまったく違った性質のものになることに注意しよう（原子の構造については，第3章で述べる。）。

イオンが最小単位である物質の表し方

塩化ナトリウムのように，イオンが最小単位である物質は，陽イオンと陰イオンという2種類の粒子が集ってできている。これらの物質は，それを構成するイオンの組成比に基づいて表すことになっている。たとえば，塩化ナトリウムは，それを構成する Na^+ と Cl^- の数の比が 1:1 であるので，NaCl というふうに表す。同様に，塩化カルシウムという物質は，2価の陽イオンであるカルシウムイオン（Ca^{2+}）と塩化物イオン（Cl^-）が，1：2の割合で際限なく並んで構成されているので，$CaCl_2$ というふうに表される。このような表現は，あたかも NaCl や $CaCl_2$ というひとまとまりの粒子が，これらの物質を構成する最小単位の粒子として存在するかのような印象を与えるが，分子が最小単位である物質の場合と異なり，このようなまとまった粒子（分子）はないことに注意しよう。

2-4　分子が最小単位である物質

2-4-1　分子とはどんなものか

分子とはいったい，どんなものなのだろうか。ここで，私たちに身近な物質である水とエタノールを取り上げよう。これらはいずれも，分子をその最小の構成単位とする物質である。コップ一杯の水が，約 6×10^{24} 個という膨大な数の水分子から成っているということから想像できるとおり，水分子はきわめて微細な粒子である。水分子に限らず，分子とはふつう，非常に高性能の顕微鏡を使っても直接見ることがほとんどできないほ

(a)水分子

(b)エタノール分子

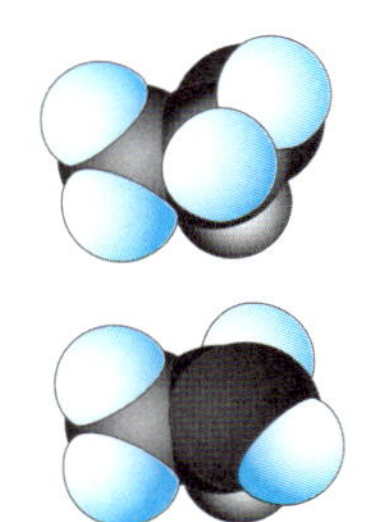

(c)別方向から見たエタノール分子

○：水素原子　●：炭素原子　●：酸素原子

図 2-5　分子の形（分子模型で示した）

ど小さな粒子である。しかし，さまざまな研究から，多くの分子の形や大きさはよくわかっている。水分子の形を，図 2-5(a) に示した。

水分子は，水素原子２個と酸素原子１個が結合してできていることが理解できる。またエタノール分子は，炭素原子２個，水素原子６個，酸素原子１個から成っていて，その形は図 2-5(b)，(c) に示したようなものである。分子を形作る原子間の結合は，共有結合という強い結合であることに注目しよう。共有結合がどんな結合なのかという詳しい説明は第３章に譲るが，とにかく分子とは，いくつかの原子が，共有結合という強い結合で結びついてできた，ある形と大きさを持った粒子である，といえる[*1]。

エタノールの分子を分子模型で表すと，後ろ足を少し上げた犬のような形をしているが，犬が顔を左右に動かしたり，身体をひねって足を上げたりできるように，分子もその形を変えることができる。

2-4-2　分子の表し方

分子はその種類によってそれぞれ特有な形をしており，その表し方にはいろいろな方法がある。分子の形を視覚的に理解するために便利なのは**分子模型**である。図 2-5(a)，(b) はそれぞれ，水分子とエタノール分子の形を分子模型で示したものである。このタイプの分子模型は，実際の分子の形を

＊1　18 族元素（希ガス元素）の原子（ヘリウム(He)，ネオン(Ne)，アルゴン(Ar) など）は，ふつうほかの原子との間にどのような結合も作ることなく１個１個バラバラに存在する。これらの原子はあたかも分子のように振舞うので，「分子」であるとみなされ，**一原子分子**といわれる。

最も忠実に表すことができるが，それぞれの原子がどういう具合に結びついているのか，わかりにくいのが難点である。そこで，**骨格模型**とよばれる分子模型を用いると原子間の結合の様子がわかりやすくなる。この模型によると，水分子とエタノール分子はそれぞれ図 2-6(a)，(b) のようになる。

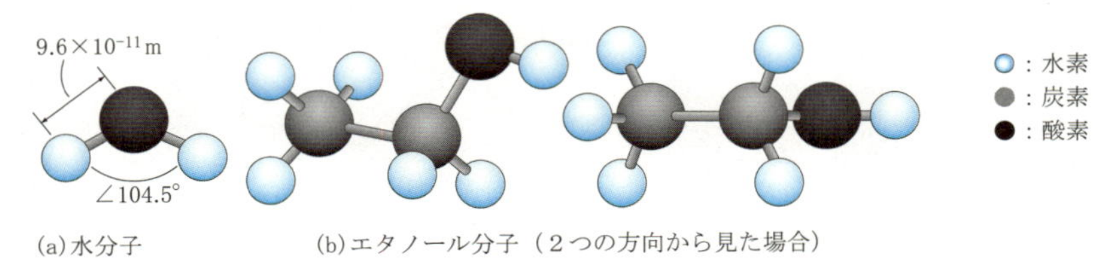

図 2-6　骨格模型で表した分子（図 2-5 と比較しよう）

分子模型を用いると，ある物質を構成する分子がどういう構造をしているのかということが一目でわかるので，その物質の振舞いを考えていく上でたいへん都合がよい。しかし，分子を表すのに，いちいち分子模型を書かなければならないとなると大変である。そこで，これをある約束ごとに基づいて記号化し，分子の形がおおよそ想像できるように簡略に書き表すと便利である。これが化学式である。化学式には書き方が複雑なものから簡単なものまでいくつかの種類があり，それぞれ長所と欠点を持っている。ここで，エタノール分子がそれぞれの化学式でどのように表されるか，順に見ていこう。

(1) 構造式

化学式ではふつう，原子を表すのに元素記号を用いることになっている。そこで，エタノール分子は図 2-7 のように書ける。

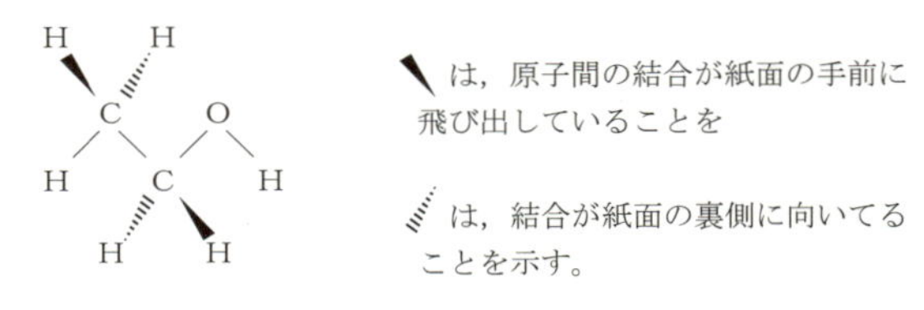

図 2-7　エタノールの立体構造式

この式は**立体構造式**といわれ，分子をその真の形に最も近い形で表した化学式である。これを平面的に書きなおすと

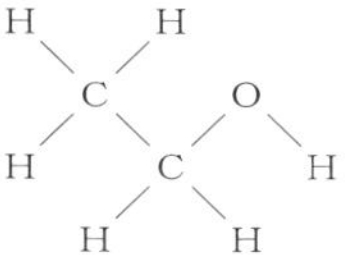

```
H     H
 ＼  ／
  C      O                       H  H
 ／ ＼ ／ ＼          または      |  |
H     C     H                 H－C－C－O－H
    ／ ＼                        |  |
   H     H                       H  H
```

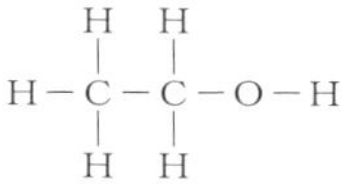

となる。この式を**平面構造式**という。これは，図2-6に示した2種類のエタノール骨格模型を，それぞれ立体感を考えずに平面的に表したものである。平面構造式では，分子を構成する原子と原子をすべて線で結んで表す。この線のことを**価標**という。

(2) 示性式

```
               H  H
               |  |
上の構造式の  H－C－C－
               |  |
               H  H
```

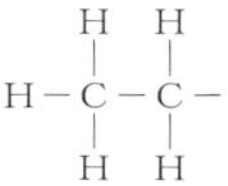

の部分を，1つにまとめてC_2H_5のように表すとC_2H_5OH(あるいは，C_2H_5-OH)のように書くことができる。この式は,エタノールには-OH（ヒドロキシ基）という独特の性質を示す部分があるということを示しており，式を見ただけで，分子が最小単位であるこの化合物（物質）の性質を，ある程度予測できる。このように，化合物の性質を示すということで，この式は**示性式**とよばれる。また，もう少し詳しくCH_3CH_2OH（あるいは，CH_3-CH_2-OH, CH_3CH_2-OH）のように書くこともある。なお,示性式において,「－」（価標）は，書いても書かなくてもよい。

(3) 分子式

示性式をさらに簡略化してC_2H_6Oのように書くこともできる。この式を分子式という。分子式は，ある分子を構成する原子の種類と数だけを示したものである。なお，分子式を書くときの原子の順序は，Cを1番目，ついでH，あとはアルファベット順にする。以上，エタノール分子の例で見られるように，化学式にはいくつかの種類があって，1つの分子をいろいろな方法で書き表すことができる。どの種類の化学式にもそれぞれ長所

と欠点があり，どの化学式を使えばよいかは，それを使う目的に応じて決めなくてはならない（4-3 節，p.52 参照）。

組成式

分子を構成する原子の組成比だけを表した化学式を，組成式という。グルコースという分子（10-2-1 節，p.150 参照）は，$C_6H_{12}O_6$ という分子式で表されるが，その分子を構成する原子の数の比，つまり組成比は，炭素原子：水素原子：酸素原子＝6：12：6＝1：2：1となるので組成式で表すと CH_2O となる。ここで，原子が最小単位である物質とイオンが最小単位である物質の表し方をもう一度思い起こしてみよう。金属ナトリウムは Na，また塩化ナトリウムは NaCl と表した。この表現法は組成式に相当する。

原子どうしの結合のしかた

各原子はその原子に特有の数の「手」をもっていて，その「手」をすべて使って互いに結びつくと考えることができる。なぜ原子どうしの結合ができるのか，また，どうして原子の種類によって「手」の数が決まっているのかということについては次の章で詳しく考えることにして，ここではよく出てくる原子の結合の「手」の数を表 2-1 にまとめておこう。原子の結合の「手」の数を価標で示した。ここで，＝と≡は，それぞれ2つの原子間の結合に，結合の「手」を2本，または3本使うことを表しており，**二重結合**，**三重結合**という。1本の「手」で結びついている結合は，**単結合**という。このような「手」を結び合うことにより，いくつかの原子がつながって分子ができる。

表 2-1　主な原子の結合の「手」

原　子	「手」の数†	「手」の結合のしかた		
水素（H）	1本	−H		
炭素（C）	4本	−C−（上下にも｜）	＞C＝	−C≡
酸素（O）	2本	−O−	＝O	
窒素（N）	3本	−N−（上に｜）	−N＝	≡N
硫黄（S）	2本††	−S−	＝S	

† 結合の手の数を，**価数**という（3-2節，p. 31参照）。

†† 硫黄は，4本または6本の「手」で結合しているとみなすことができる場合もある。

2-4-3 原　子　団

いくつかの原子が結びついて，分子という粒子ができることを見てきた。一方，いくつかの原子が結びついて，イオン性の粒子を作る場合がある。こうしてできた粒子を**原子団**とよぶ。よく見られる原子団には，陽イオンとしては，アンモニウムイオン（NH_4^+），陰イオンとしては硫酸イオン（SO_4^{2-}），炭酸イオン（CO_3^{2-}），リン酸イオン（PO_4^{3-}），硝酸イオン（NO_3^-），水酸化物イオン（OH^-），などがある。これらは，1つの原子からできたイオンと同じように振舞う。

また，ある分子（特に有機化合物の分子）の中で，その分子の構造の一部をなす原子の集団をさして原子団ということもある。この場合の原子団は，**基**(き)ともいわれる。これらの基の中で，炭素原子と水素原子だけからなるものを**炭化水素基**，それ以外の原子（酸素原子・窒素原子・硫黄(いおう)原子など）を含むものを**官能基**という。主な炭化水素基と官能基，およびその構造をそれぞれ表 2-2，表 2-3 に示した。官能基は分子の中で，その分子全体の性質を決めている重要な部分である。

表 2-2　主な炭化水素基

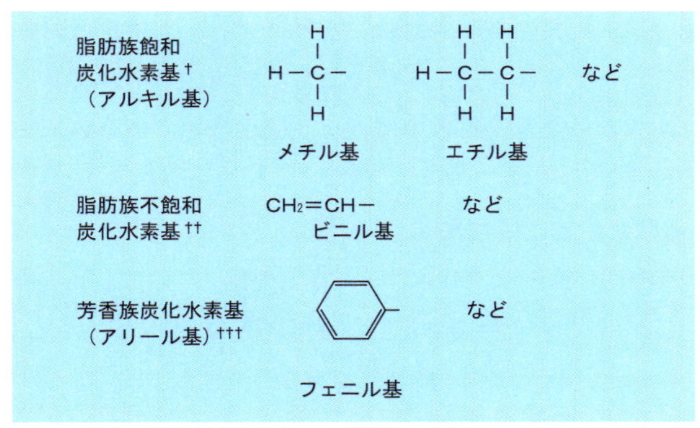

† 飽和：炭素どうしがすべて単結合で結合していることを示す。

†† 不飽和：炭素原子間の結合に，不飽和結合（二重結合や三重結合）を含むことを示す。

††† 芳香族：p. 23参照

表 2-3　主な官能基

官能基名	化学構造	官能基名	化学構造
ヒドロキシ基（水酸基）	−OH	シアノ基	−C≡N
カルボキシル基	−C(=O)−O−H	ニトロ基	−N(=O)→O
エステル基	−C(=O)−O−	アミド基	−C(=O)−N＜
ホルミル基	−C(=O)−H	カルバモイル基	−C(=O)−N(−H)(−H)
カルボニル基	−C(=O)−	アゾ基	−N=N−
アミノ基	−N(−H)(−H)	スルホ基	−S(→O)(→O)−O−H

※　↓は配位結合を表す（7-1節，p. 100参照）

2-5　有機化合物

あらゆる物質は，大きく**無機物質**と**有機物質（有機化合物）**に分類される。無機物質は分子が最小単位である物質（**単体**や**化合物**）[*1]のほか，イオンが最小単位である物質や金属も含む。それに対し，有機化合物といわれるものは，ほとんどが分子が最小単位である物質（化合物）である。私たちの身近に存在する重要な物質の中には，有機化合物は数多い。

2-5-1　有機化合物とは何か

古くは，有機化合物とは生命体のみが自分の体内で合成し得る物質であるとされ，それ以外の物質を無機物質といって区別してきた。しかし，1828 年，ドイツ人ヴェーラーが，動物の排出物である尿素を人工的に合成することに成功して以来，あらゆる有機化合物は，少なくとも原理的には人工的に合成が可能であることがわかって，この区別はまったく意味がなくなってしまった。実際，分子の成り立ちを考えるとき，水分子（H_2O）やアンモニア分子

＊1　水素（H_2），酸素（O_2）および金属など，1 種類の元素からなる物質を単体といい，これに対し，水（H_2O）や塩化ナトリウム（NaCl）など，2 種類以上の元素からなる物質を化合物という。

(NH_3) のような無機化合物の分子と，メタン分子 (CH_4) やエタノール分子 (C_2H_5OH) などの有機化合物の分子を本質的に区別する必要はない。

それではいったい，現在でも有機化合物というものが特に無機物質と区別して取り上げられるのはなぜだろうか。現在の定義によると，有機化合物とは炭素原子を含む化合物であり[*1]，この定義に従う化合物は，メタンのように簡単な構造のものから，非常に複雑な構造をしたものまできわめて多くの種類がある。これは，炭素原子がいくつでも並んでつながることができる，という性質をもっているからである。酸素原子や窒素原子など，他の多くの原子には，このような性質はない。したがって，炭素原子を含まない分子は，一般にその構造が単純である。このことから，炭素原子を含む化合物を有機化合物とよんで，炭素原子を含まない化合物（無機化合物）と区別して考えると都合がよいのである。

2-5-2　有機化合物の構造

有機化合物の分子には複雑な構造をしたものも多いが，どんな複雑な有機化合物の分子でも，その構造をいくつかの部分構造に分けて考えることができる。すなわち，炭素原子（C）と水素原子（H）からなる骨組み（炭化水素骨格）に酸素原子や窒素原子などを含む基，すなわち官能基がくっついてできたものである，とみなせる。官能基がその有機化合物の主な性質を決める重要な部分であることは，すでに述べた。また，有機化合物の代表的な化学反応の多くは，官能基の変化である。

炭化水素骨格 ― 官能基

有機化合物の分子の基本構造

特別な官能基をもたない有機化合物，つまり炭素原子と水素原子だけからなる有機化合物は炭化水素と総称される。また，ホルムアルデヒドやシュウ酸など，炭化水素骨格がなく，官能基のみで構成されている化合物もある。

---

*1　ただし，一酸化炭素（CO），二酸化炭素 (CO_2) などは無機化合物に含める。

$$H-\underset{\underset{O}{\|}}{C}-H \quad (HCHO)$$

ホルムアルデヒド

$$\begin{matrix} O=C-OH \\ | \\ O=C-OH \end{matrix} \left[\begin{matrix} COOH \\ | \\ COOH \end{matrix}\right]$$

シュウ酸

炭化水素以外の有機化合物の性質は，そこに含まれるCとH以外の化学構造（官能基など）に依存しているので，有機化合物を，それが含む化学構造によって分類することができる（表2-4）。

ここで，やや複雑な構造をした有機化合物の例として，アミノ酸の一種，グルタミンという化合物の分子の形を，図2-8に分子模型で示そう。これを構造式で表すと，図2-9のようになる。グルタミン分子は，炭素原子が

表2-4　有機化合物の分類

化合物の一般名	含まれる化学構造		代表的な化合物
炭化水素	$-C-H$, $>C=C<$, $-C\equiv C-$など		CH_4（メタン），$CH_2=CH_2$（エチレン）
アルコール	$-OH$	ヒドロキシ基（水酸基）	CH_3OH（メタノール） C_2H_5OH（エタノール）
フェノール	$-OH$	ベンゼン環に結合したヒドロキシ基	C_6H_5-OH（フェノール）
ハロゲン化物	$-X$（X：ハロゲン原子）		$CHCl_3$（クロロホルム）
エーテル	$-O-$	エーテル結合	CH_3OCH_3（ジメチルエーテル） $C_2H_5OC_2H_5$（ジエチルエーテル）
カルボン酸	$-COOH$	カルボキシ基	CH_3COOH（酢酸）
エステル	$-COO-$	エステル基	$CH_3COOC_2H_5$（酢酸エチル）
アルデヒド	$-CHO$	ホルミル基	HCHO（ホルムアルデヒド）
ケトン	$>CO$	カルボニル基	CH_3COCH_3（アセトン）
アミン	$-NH_2$	アミノ基	CH_3NH_2（メチルアミン） $C_6H_5-NH_2$（アニリン）
ニトロ化合物	$-NO_2$	ニトロ基	$C_6H_5-NO_2$（ニトロベンゼン）
ニトリル	$-CN$	シアノ基	CH_3CN（アセトニトリル）
アミド	$-CON<$	アミド基	タンパク質，ナイロン
アゾ化合物	$-N=N-$	アゾ基	$C_6H_5-N=N-C_6H_5$（アゾベンゼン）
スルホン酸	$-SO_3H$	スルホ基	$C_6H_5-SO_3H$（ベンゼンスルホン酸）

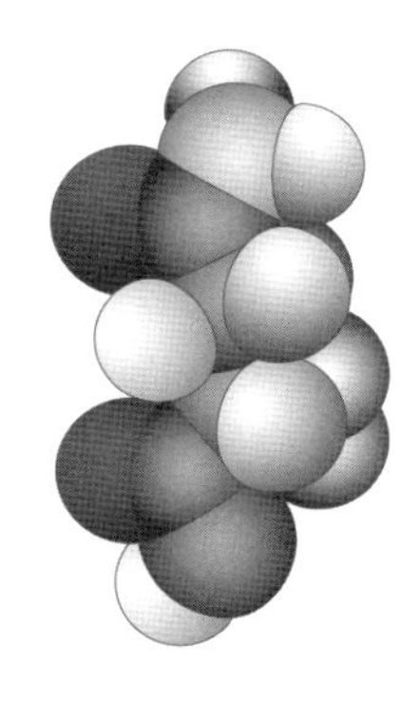

一般に分子は，原子間結合の回転によっていくつかの形（コンホメーション）をとることができ，通常，エネルギー的に最も安定な形で存在する。この模型の形は，図 2-9 の構造式と対応させたグルタミン分子の形であり，最も安定な形とは異なる。

図 2-8　グルタミン分子の形
（分子模型）

```
        H
      N
     /  H
O=C
   |
H-C-H
   |
H-C-H
   |      H
H-C-N
   |      H
O=C
    \
     O
   H/
    (a)
```

```
CONH2
 |
CH2
 |
CH2
 |
CH-NH2
 |
COOH
  (b)
```

$HOOCCH(NH_2)CH_2CH_2CONH_2$
(c)

(a) 炭化水素骨格に，官能基としてアミノ基（$-NH_2$），カルボキシ基（$-COOH$），カルバモイル基（$-CONH_2$）が結合している。
(b) (a) を簡略化した構造式
(c) 横向きに書いた示性式

図 2-9　グルタミン分子の構造式

3 個つながった炭化水素骨格に，アミノ基，カルボキシ基，カルバモイル基という 3 つの官能基が結合してできていることがわかる。

2-5-3　ベンゼン環を持つ分子

有機化合物の中には，亀の甲のような形をしたベンゼン環（ベンゼン核）というものを持つものがある。ここで，ベンゼン分子 (C_6H_6) の形とその書き表し方について，簡単に触れておこう。

ベンゼン分子の形を図 2-10 に示した。6 個の炭素原子が同一平面上で環状に並び，1 個 1 個の炭素原子に水素原子が 1 個ずつ結合している。炭素原子の結合の「手」が 4 本であることを考慮すると，その構造式として図 2-11(a) または (b) が考えられる。しかし，くわしい測定によると，ベンゼンの 6 本の炭素原子－炭素原子間の結合はすべて等価である。したがってベンゼンの構造は，図 2-11(a) のようなものでも (b) のようなものでもなく，両者の中間のようなものであることがわかる。この結合はどんなものなのか，またベンゼンはなぜこのような形になっているのか，という詳しい説明は4-2節（p.50）に譲ろう。ここでは，ベンゼン分子を書き表す「記号」として，図2-12のような簡略化した構造式が使われるということを述べておく。すなわち，ベンゼンやベンゼン環を持つ分子を簡略に書き表すときは，環を構成する炭素原子とそれについている水素原子を省略する。

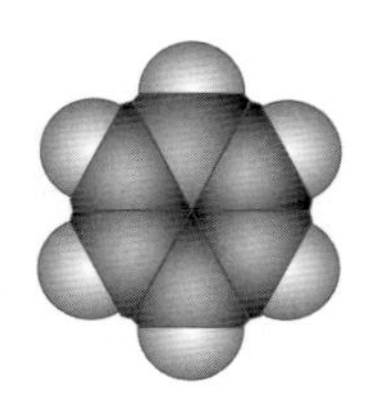

図2-10　ベンゼン分子の形
（分子模型で表したもの）

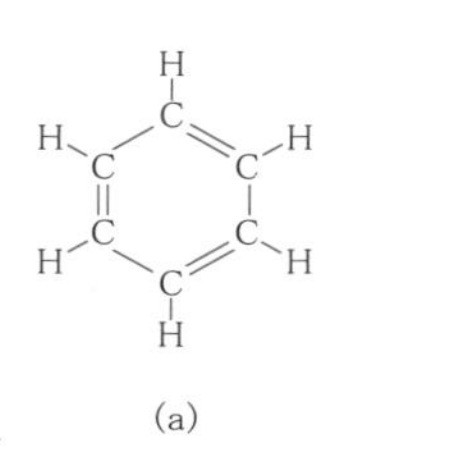

(a)　(b)

図2-11　炭素原子の「手」の数から考えられるベンゼン分子の2通りの構造式
（実際のベンゼン分子の構造は，(a) と (b) の中間のようなものである）

(a) 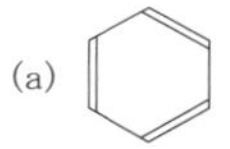　(b) 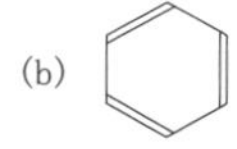　(c) 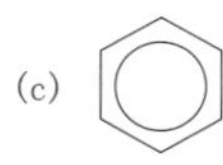

CとHが省略されている。六角形の各頂点が，炭素原子の位置を表す。二重結合が分子全体に広がっていることを考慮して，(c) のように書くこともある。(a),(b),(c) いずれを用いてもよい。

図2-12　ベンゼン分子の簡略化した構造式

防虫剤などに利用されるナフタレンは，ベンゼン環が2つ並んだ形をしている。ナフタレン分子（$C_{10}H_8$）の形，構造式，および簡略化した構造式をそれぞれ，図2-13(a)，(b)，(c) に示した。

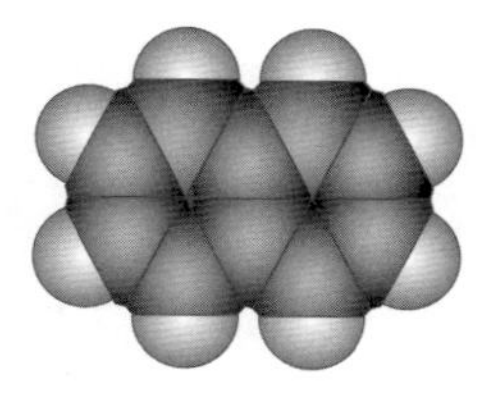

(a)分子模形で表した形

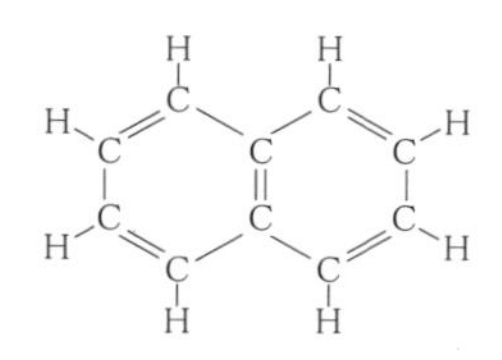

(b)構造式

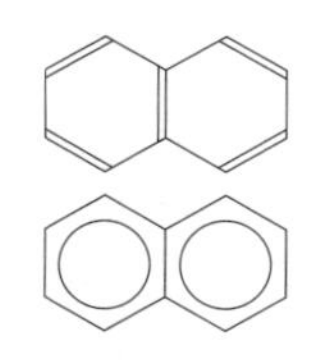

(c)簡略化した構造式

図2-13　ナフタレン分子

ベンゼンの構造

ベンゼンの分子が，環状構造をとっていることを指摘したのはドイツの化学者，ケクレである(1865年)。その当時，ベンゼンの分子式がC_6H_6であることはわかっていたが，その構造はわかっていなかった。彼は，一匹のヘビが自分の尻尾をくわえている夢を見て，このような環状構造を思いついたといわれている。

なお，ベンゼンやベンゼン環をもつ化合物は，独特の香りをもつことが多いので**芳香族化合物**と言われ，反応性などにおいてこれらの化合物が示す独特の性質を**芳香族性**と言う。これに対し，メタン，エタノールなど芳香族化合物以外の有機化合物は，**脂肪族化合物**といわれる。

ベンゼンの仲間の変わりもの

ベンゼン環を2つつなげた（「縮環した」という）分子はナフタレン分子であるが，ベンゼン環をいくつもつなげた分子はいくらでもある。また，環を横につなげるだけでなく，固まりのようにくっつけた分子もある。図2-14にいくつかの例をあげた。

ここで，ベンゼンの仲間の変わりものを紹介したい。ベンゼン環を直線状でなく少し曲げながら横へ横へとつなげていくと，6個つながったと

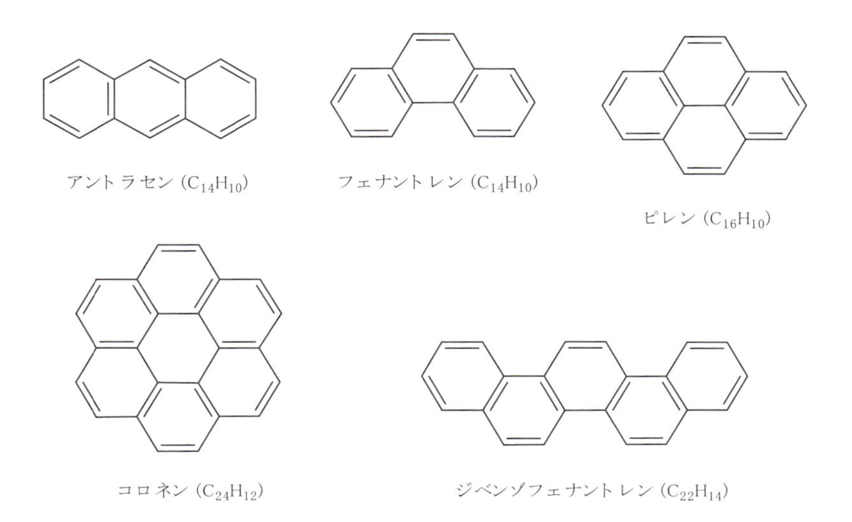

図2-14　ベンゼンの仲間たち

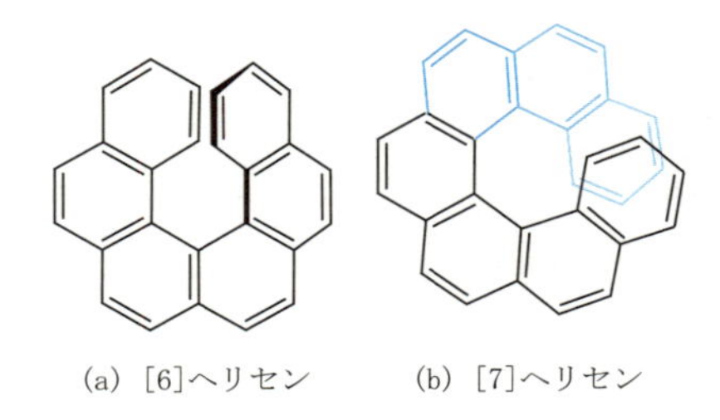

(a) [6]ヘリセン　　(b) [7]ヘリセン

図 2-15

ころで一周し，両端のベンゼン環がぶつかってしまう[*1]。その結果，このぶつかりを避けて両端が重なったような形になる（図 2-15(a)）。さらにベンゼン環をつなげていくと，分子はらせん状になる（図 2-15(b)）。このような分子の化合物は，英語で「らせん」を意味する“helice”からヘリセンと名付けられた。ベンゼン環単位の数を [　] 内に入れて [*n*] ヘリセンと書き表す。図 2-15(a) は [6] ヘリセン, (b) は [7] ヘリセンである。ヘリセン分子では，らせんの巻く方向に右巻きと左巻きの 2 通りができるが，この 2 つは互いに鏡像異性体の関係になっている[*2]。右手を上に腕組みする人と左手を上に腕組みする人の関係と同じである。ヘリセンは 1955 年，メルヴィン・ニューマン[*3] らによって初めて合成された。不斉炭素がなくても鏡像異性体が出現する場合があることを示す例として注目される。

■　演習問題

1)　表 2-4 に示性式で表されている化合物を平面構造式で書き表せ。

2)　ブタン（$CH_3CH_2CH_2CH_3$）の分子を立体構造式で書き表せ。

3)　エチル基とアミノ基が結合してできる分子の構造式を書け。

＊1　図 2-15 の構造式では，環の外に突き出た水素原子は省略されていることに注意しよう。図 2-13(b)(c) を参照のこと。

＊2　鏡像異性体，および不斉炭素については，第 4 章 4-3-3 節（p. 55）で述べる。

＊3　分子を立体的に描き表す方法のひとつ，「ニューマン投影法」を考案したことでも知られる。

3 物質はどうやって形作られるか

第2章で，いくつかの物質を構成する粒子の形と，その書き表し方を見た。と同時に，ふつう（地球上で）原子はバラバラに（一粒一粒単独で）存在することはできず，いくつかが結びついて，ある物質を形作るということを暗黙のうちに認めてきた。事実，私たちの身のまわりには実に数多くの物質が存在しているが，これらはいずれも，いくつかの原子が組み合わさってできたものである。古代ギリシアの学者アリストテレスは，あらゆる物質は火，空気，水，土，の4つの元素の組み合わせでできていると考えていた（4元素説）。哲学者でもあった彼は，これらの元素が集まって物質を形作るのは，愛と憎しみの力によると説明していたという。しかし，現在の私たちは，物質を形作る要素は約100種類の元素であることを知っているし，これらが集まる理由として，もっと合理的な説明をすることができる。この章では，原子はなぜ1個1個バラバラに存在することができないのか，また，どのような法則に従って集まるのかを考えてみよう。そのためには，まず原子の構造から見ていかなければならない。

3-1 原子の構造

原子の姿を模式的に見れば，中心に**原子核**をもち，そのまわりを**電子**が回っているようなものとしてとらえることができる（図3-1, 3-2, 3-3参照）。これは**ボーアの原子模型**とよばれ，のちに述べるように原子の真の形とは異なるけれども[*1]，原子間の結合様式を考えるのにたいへん便利である。

---

*1　原子のまわりを回る電子の軌道の形については，4-1節（p. 44）で詳しく述べる。

このボーアの原子模型に沿って，原子の大ざっぱな構造を見てみよう。

原子の中心には原子核がある。これは，正の電荷をもつ**陽子**，質量が陽子とほぼ同じで電荷をもたない**中性子**など，ごく微細な粒子がいくつか集まってできている。原子の種類は陽子の数によって決まっており，この数は**原子番号**とよばれる。

一方，原子核のまわりには，陽子と同じ数の電子が，決まった軌道に沿って回っている。電子１個の質量は陽子や中性子と比べ非常に小さいが[*1]，電子１個は陽子１個と同じ量で符号が逆の負の電荷をもっている。したがって，原子全体としては電気的に中性になっている。電子の回っている軌道はいくつもあって，内側から**K殻**(かく)，**L殻**，**M殻**，**N殻**…と名づけられている。これらの電子軌道は内側の方がエネルギーが低いので，電子はふつう内側の軌道からつまってゆき，K殻は２個，L殻は８個，M殻は18個の電子で満員となる。

電子軌道のエネルギー準位

ボーアの原子模型によると，原子核を回る電子の軌道はL殻，M殻･･･と，とびとびになっている。つまり，電子のエネルギーは，それぞれの電子軌道によって定まるとびとびの値しか取れない。これらのエネルギーの大きさを，**エネルギー準位**という。電子のエネルギーがこのように離散的になる，つまり**量子化**されるのは，電子などの微小粒子の特徴的な振舞いであり，地球を回る人工衛星などが連続的にエネルギーを変え軌道の高さを自由に変えることができるのと大いに異なる。

ところで，M殻には18個の電子が入ることができるが，このくらい外側にある電子軌道になると，エネルギー準位がややあいまいになり，９個目の電子はM殻へ入るより先に，N殻へ入る。N殻へ２個の電子が入った後で再びM殻が埋まり始め，全部で18個の電子が入り終えるまでこれが続く。これが後で述べる周期律（3-2節，p.29）の根本原理となっている（詳しくは第４章参照）。

＊1　電子１個の質量は約 9.1×10^{-28} g で，これは陽子や中性子の質量の約1/1800である。

原子の具体的な例として，塩素原子（Cl）を見てみよう。塩素原子は原子番号が17で，原子核の中には陽子が17個入っている。そして，その原子核のまわりを電子が17個回っている。すると，通常の状態では塩素原子は図3-1(a)のように，K殻に2個，L殻に8個，M殻に7個の電子を持つことになる。同様に考えると，ナトリウム原子（Na）（原子番号11）の電子配置は図3-1(b)のようになる。

原子の電子軌道のうち，電子を含んでいる一番外側の軌道を**最外殻軌道**とよぶ。塩素原子，ナトリウム原子とも最外殻軌道はM殻であるが，塩素原子が最外殻軌道に7個の電子を持つのに対し，ナトリウム原子の最外殻軌道には電子が1個しか入っていない点に注目しよう。

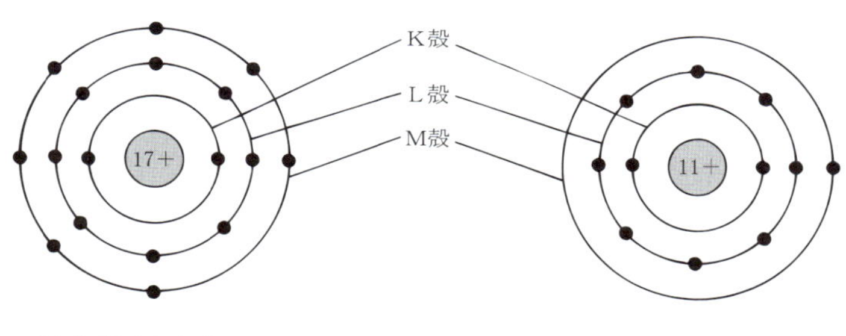

(a) 塩素原子（Cl）　　(b) ナトリウム原子（Na）

●：電子　●：原子核（数字は陽子の数＝原子番号を示す）

図3-1　ボーアの原子模型による原子の電子配置

ナトリウムランプ

道路のトンネルなどで見かける橙(だいだい)色のランプは，ナトリウムランプというものである。ガラス管にナトリウム蒸気が封入してあり，この中で放電するとナトリウムの最外殻軌道にある電子がさらに高いエネルギー準位*1に励起される。その電子が元のエネルギー準位に落ちるとき，その差に相当するエネルギーが光エネルギーとして放出されるのである。同様のことは，基本的にどの原子でも起こるが，ナトリウム原子の場合，この光は波長が589 nmおよび590 nmの橙色の光になる。

*1　厳密には，エネルギーがほんのわずか異なる2つの準位。

原子の質量

原子の質量（重さ）は，炭素の**同位体**（原子の種類，すなわち陽子の数は同じで，質量数が違うもの）の１つ，^{12}C の質量*1 を 12 と定義し，これを基準とした相対的な値を用いることになっている。この定義は，^{12}C の原子核に含まれる陽子と中性子の数の和（**質量数**という）が 12 であることに基づいている。ある元素について，こうして求められた相対的な質量のことをその元素の**原子量**という。

元素の原子量が整数でないのは，１つの元素にはいくつかの同位体が一定の割合で混じり合っているからである。たとえば炭素（C）という元素は，天然には質量数 12 の ^{12}C が 98.89%，質量数 13 の ^{13}C が 1.11%の割合で混じり合ったものなので，その加重平均をとると炭素の原子量は 12.011 となる。また，水素（H）では質量数１の ^{1}H が 99.985%，質量数２の ^{2}H（D とも書く）が 0.015%の割合で存在するので，その原子量は 1.00794 となる。ちなみに，炭素の同位体の１つ ^{14}C や，水素の同位体の１つ ^{3}H（T とも書く）は，放射性同位体であり，放射線を発しながら他の原子へ変換する。一方，上に述べた ^{12}C や ^{13}C，および ^{1}H や ^{2}H は放射性ではなく，安定同位体とよばれる。

分子，イオンなどの質量は，原子量をもとにして決められる。分子の質量は**分子量**で表す。分子量は，その分子を構成する元素の原子量の和で与えられる。また，イオンが最小単位である物質については，分子量のかわりに**式量**を使う。式量とは，イオンが最小単位である物質を表す組成式（たとえば塩化ナトリウムでは NaCl）に含まれる元素の原子量を合計した量である。金属の相対的な質量も式量で表されるが，金属の場合，式量はその金属を作っている元素の原子量と同じである。原子量，分子量，式量は相対的な値なので，単位をもたない。

原子核の反応

原子の原子核は陽子，中性子などの核子が結びついてできている。核子間の結合は，分子内の原子間の結合（化学結合）と比べると桁ちがいに強いので，核子間結合の切断や生成が起こるとき莫大な熱（エネルギー）の出入りを伴う。これが，核分裂や核融合という核反応である。原子力発電（原発）では，ウラン 235 という原子核の核分裂に伴って放出される熱で水を沸騰させ、得られた水蒸気でタービンを回し発電機を動かす。このとき生じる核分裂生成物（ヨウ素 131，ストロンチウム 90，セシウム 137 など）は高い放射能をもつが，その根本的な処理法がないことが大きな問題を引きおこしている。一方，２つの原子核が１つになる反応が核融合である。現在，重水素（D = ^{2}H）原子核，または三重水素（T = ^{3}H）原子核がヘリウム原子核などになる核融合反応を核融合発電として利用する研究が進められている。

*1　元素記号の左上肩に，質量数（陽子の数＋中性子の数）を書く。

アボガドロ数

水の分子量は18.015である。水分子はきわめて微細な粒子であり，これを集めて，ちょうど18.015 gの重さ（質量）にするのに要する水分子の数は 6.02×10^{23} 個という膨大なものになる。この数のことを**アボガドロ数**という。水分子に限らず，ある原子や分子をアボガドロ数個集めると，その原子や分子の原子量，分子量にグラム (g) をつけた重さ（質量）になる。アボガドロ数個の粒子の集まりを，1 mol（モル）といい，モルを単位として表した物質の量を**物質量**という。($1\ \text{mol} = 6.02 \times 10^{23}$ 個)

3-2 周　期　律

周期表（裏見返し参照）は化学ではいつも登場する大切なものであるが，なぜこんなにも大切なのだろうか。周期表では，元素は原子番号の順（原子量の順とほぼ同じ）[*1] に左から右へ，また上から下へ並べられている。このように並べたとき，縦の列に性質のよく似た元素が並ぶことに注目しよう。たとえば，一番右の列の元素は**希ガス**元素といわれ，この族のすべての原子は，他の原子との間に結合を作りにくいという共通の性質をもっている。また，一番左の列の元素は，水素を除いて**アルカリ金属**元素といわれ，水酸化ナトリウム ($NaOH$) や水酸化カリウム (KOH) に見られるように，その水酸化物は水に溶けたときアルカリ性を示す。さらに，右から２番目の列（**ハロゲン元素**）に属する原子は，多くの金属元素の原子との間に，塩化ナトリウム ($NaCl$) などのような塩を作りやすい。その他，どの縦の列を見ても，同じような性質の元素が並んでいることが示される。

周期表の重要性は，この点にある。周期表を順番に横に見ていけば元素の原子番号の順がわかるし，縦に見れば性質のよく似た元素をみつけることができる。すなわち，元素を原子番号の順に並べたとき，性質のよく似た元素が周期的に現れるのである。化学においてきわめて重要なこの法則を，**周期律**という。これを表にまとめたものが周期表である。

＊1　原子番号18のアルゴン (Ar) と原子番号19のカリウム (K) の場合のように，原子番号の順と原子量の順が逆になっているところがある。周期表では，元素を原子番号の順に並べる。

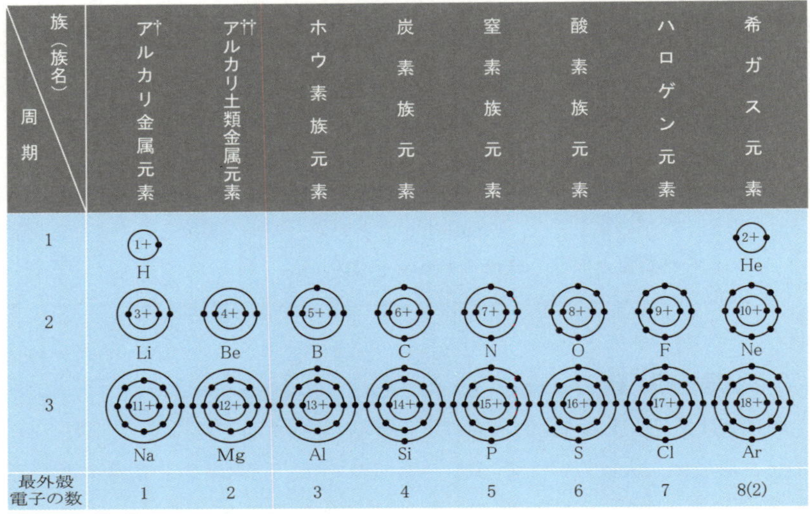

† 水素はアルカリ金属に含めない

†† この表にあるBe, Mgはアルカリ土類金属に含めず，この族の第4周期以降の元素（Ca, Sr, Ba, Ra）だけをアルカリ土類金属とすることがある。

原子番号 18 のアルゴン（Ar）までの原子を，周期表の配列に従って並べたもの。中の数字は陽子の数（＝原子番号）を示す。

図 3-2　原子の電子配置

族と周期

周期表の各列を縦にまとめたものを**族**という。それぞれの族は 1 族，2 族，……17 族，18 族とよんだり，図 3-2 に示した固有の族名でよんだりする。一方，周期表の各列を横にまとめたものを**周期**という。水素（H）とヘリウム（He）は第 1 周期の元素であり，リチウム（Li）からネオン（Ne）までの 8 種類の元素は第 2 周期の元素ということになる。

図 3-2 は，原子番号 18 のアルゴン（Ar）までの原子の電子配置を，ボーアの原子模型に基づいて示したものである。ここで，各原子の並び方は周期表の配列に従っている。図 3-2 を詳しく見てみると，縦に並んだ原子は，最外殻軌道の電子の数が He を除いてみな同じであることがわかる。つまり，周期律という自然法則は，元素を原子番号の順に並べたとき，その原子の最外殻軌道の電子数が周期的に変化するということを反映しているの

である。これらの最外殻軌道にある電子は，内側の軌道にある電子と区別して**価電子**（かでんし）とよばれる。

価電子という語は，原子価電子という語の略である。これは，この電子の数が原子の価数を決めているという意味である。一般に，原子の**価数**は価電子の数そのものか，8から価電子の数を引いた数で与えられる。2-4-2節（p.16）で見た原子の結合の「手」の数は，その原子の価数と同じと考えてよい。ある原子の価電子の数を明らかに示したいときには，その原子の元素記号のまわりに価電子を点で表した**電子式**という式を使う。元素記号の上下左右に2粒ずつ，計8粒書く場所を作り，たとえば，ナトリウム原子は $\cdot\mathrm{Na}$ や $\mathrm{Na}\cdot$，塩素原子は，$:\!\ddot{\underset{\cdot\cdot}{\mathrm{Cl}}}\cdot$ のように書く。

さて先に，周期表で縦に並んでいるのは，性質のよく似た元素であることを知った。したがって，元素の性質は主に，その原子の最外殻軌道に存在する電子，すなわち価電子の数によって決まるということが容易に想像できる。それでは，なぜ価電子の数によって原子の性質が決まるのだろうか。その解答を次節から考えていくことにしよう。

電子軌道に入り得る電子の数は外側の軌道ほど多くなるので，周期表の横の列（周期）の元素の種類は，周期表の下へ行くほど多くなる。つまり，第1周期には2種類の元素，第2周期と第3周期にはそれぞれ8種類の元素，第4周期と第5周期にはそれぞれ18種類の元素，そして第6周期以降にはそれぞれ32種類の元素がある。周期律の説明では，しばしば「8番目ごとに性質の似た元素が現れる」という表現で表される「**オクテット則**（八偶則）」[*1]が登場するが，これは第3周期までの元素についていえることであり，第4周期以降についてはこれを「18番目ごとに」「32番目ごとに」というふうに読みかえていかなければならない。なお，第1周期，第2周期の元素数はそれぞれ，K殻，L殻に収容できる電子数に対応しているが，第3周期の元素数が8種類なのは，M殻には電子が8個入ったところに1つの節目があるためである。

＊1　8を表すギリシャ語 octo- に由来した語である。英語の octopus（タコ）も同じ語源から出ている。

周期律の発見

元素を原子量の順(原子番号の順)に並べたとき，性質のよく似た元素が周期的に現れる，ということはかなり古くから知られていた。というより，逆にこのような周期性の発見によって，原子の構造が明らかになってきたのである。1865年，イギリスのニューランズという化学者は，「元素を原子量の順に並べると8番目ごとによく似た性質をもつものが現れる。」ということを見いだした。彼は，これを「オクターブの法則」と名づけたが，例外が多いなどの理由で，彼の説は一般に承認されることなく終った。その後，元素の性質と原子量の関係を詳しく調べ，「元素の周期性(＝周期律)」を明らかにしたのはロシアの化学者，メンデレエフである。彼は1869年，当時すでに発見されていた60種余りの元素を原子量の順に並べて元素の周期表を作った。彼の偉大な点は，周期表を都合よく完成するために，ところどころ空欄を設けたことである。彼はこの空欄にはまだ発見されていない元素が入るものと考え，表の縦横の関係からそれらの元素の諸性質を予言した。そのうちの1つ，ゲルマニウム(Ge)は十数年後，メンデレエフの予言した性質とほぼ同じ性質をもつものとして発見されたが，その発見にあたっては，彼がその性質を予言したことが大いに役立ったのである。

3-3 閉殻構造

この章の初めに，原子は一粒一粒バラバラの状態で存在することはできず，必ずいくつかの原子が結びついている，と書いた。しかし，ヘリウム(He)，ネオン(Ne)*1，アルゴン(Ar)など，希ガス元素の原子は，通常，他の原子との間に結合を作らない。これらはあたかも1つの原子が1つの分子のように振舞い，**一原子分子**とよばれている。なぜ，これらの原子は他の原子との間に結合を作りにくいのだろうか。

ここで，希ガス元素の原子の電子配置を見てみよう(図3-2)。これらの原子の最外殻軌道は，電子で満たされた状態になっている。つまり，これらの原子のすべての電子軌道は電子で満員になっている。このような状態を**閉殻構造**という。厳密にいうとアルゴン(Ar)では，最外殻軌道(M殻)にはあと10個の電子が入ることができる。しかし，p.26でも述べたように，M殻は8個の電子が入ったところにひとつの節目があるのでArの電子配置は閉殻構造であるとみなすことができる。閉殻構造はエネルギー的にた

*1　放電によって赤色に光るのでネオンサインに用いられている。ただし，現在では，ガラス管に着色したものをネオンサインの代わりに使うことが多い。

いへん安定なので，この電子構造をとっている原子は単独で十分に安定であり，ふつう，他の原子に電子を与えたり，他の原子から電子をもらったりすることはない。後で述べるように，原子間で電子の授受が起こらない限りどんな化学結合も作れないから，希ガス元素の原子は他の原子と結合しにくいのである。

このことから，たいへん重要なことが類推できる。それは，希ガス元素の原子に見られる閉殻構造が安定なものなら，希ガス元素に属さない他の原子もこの安定な閉殻構造をとろうとするのではないだろうか，ということである。事実，あらゆる原子は，何らかの方法で閉殻構造をとろうとし，そのことによって安定な状態，つまりエネルギーの低い状態になろうとする。これは原子の世界を支配する非常に重要な法則である。次の節から，この法則をもとにして化学結合の本質を探っていくことにしよう。

3-4　イオンの成り立ちとその結びつき

3-4-1　イオンのできるわけ

塩素原子（Cl）の最外殻の電子軌道（M殻）には7個の電子（価電子）が入っている。前節で見たように，この最外殻軌道にもう1個電子が入って8個になると，閉殻構造をとることになるので，エネルギー的に安定化する。事実，塩素原子は，原子全体の電気的な釣り合いが破られるにもかかわらず，他の原子から電子を1個もらって最外殻軌道に8個の電子を収容し，閉殻構造をとろうとする傾向をもっている。つまり，塩素原子は原子全体では負の電荷が1つ多い1価の陰イオン（塩化物イオン＝Cl^-）として安定化することができる。

一方，ナトリウム原子（Na）では最外殻の電子軌道（M殻）に価電子が1個だけ入っている。この場合，閉殻構造になって安定化するためには，他から7個の電子をもらってきてM殻を満員にするよりM殻の1個の価電子を他の原子に与えてしまった方が簡単である。そこで，ナトリウム原子は，この電子を放出しやすい傾向をもつことになる。1個の電子を放出すれば，もちろん電気的な釣り合いは破れて原子全体として正の電荷が1つ多い1価の陽イオン（ナトリウムイオン＝Na^+）となる。

このように，原子は閉殻構造をとって安定化しようとする傾向をもっているために，他の原子から電子をもらったり，他の原子に電子を与えたりする。そのとき原子は，電気的な釣り合いが破れてイオンとなる。これがイオンのできる理由である。

3-4-2　イオンどうしの結びつき

いま仮にナトリウム原子と塩素原子が近づいたとすると，前者から後者へ電子が移ることによって，両者はそれぞれ，ナトリウムイオン（Na^{+}），塩化物イオン（Cl^{-}）になることができる。このとき，全体として電子の数は変化しない。そして，いったん Na^{+} と Cl^{-} ができれば，両者は電気的に正と負であるので，静電引力（クーロン引力）によって結びつく（図3-3）。これが塩化ナトリウム（NaCl）の正体であり，このような様式によ

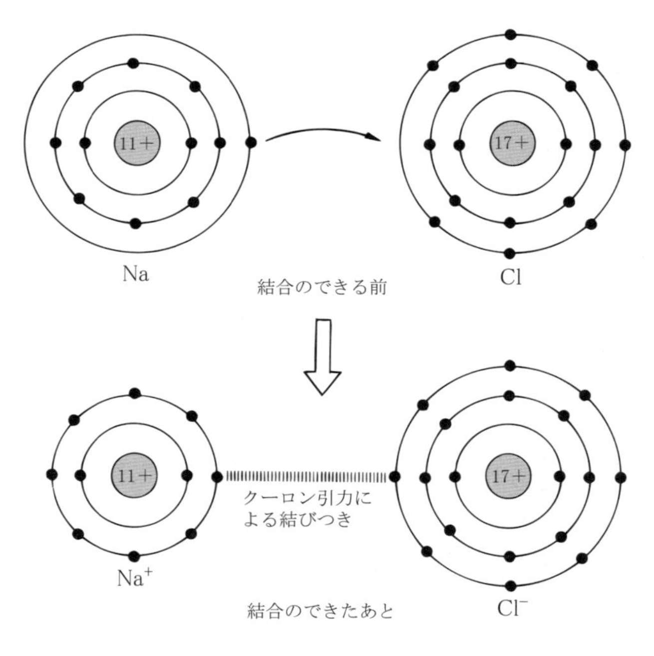

ナトリウム原子（Na）と塩素原子（Cl）が近づいて Na から Cl へ1個の電子が移ることで，これらはそれぞれナトリウムイオン（Na^{+}）と塩化物イオン（Cl^{-}）になり，静電的に結びつくことができる。

図 3-3　イオン結合のできるわけ

る結合を**イオン結合**という*1。第 2 章で述べたように，イオンが最小単位である物質は，イオン結合によって陽イオンと陰イオンが限りなくつながって形作られたものである（図 2-4，p.11 参照）。

3-5　分子のできるわけ

イオン結合のできる理由はこれで明らかになったが，すべての原子がイオンになってイオン結合を作ることができるのだろうか。ナトリウム原子（価電子は 1 個）や，塩素原子（価電子は 7 個）のように，1 個の電子を放出したり，受け取ったりするのは比較的たやすい。一方，価電子を 4 個もっている炭素原子の場合を考えてみよう。炭素原子が閉殻構造をとるためには，L 殻にある 4 個の価電子を放出して 4 価の陽イオン（C^{4+}）になってもよいし，4 個の電子を受け取って L 殻を満員にして 4 価の陰イオン（C^{4-}）になってもよいはずである（図 3-4）。しかし，現実にはこのようなイオンは存在しない。いくら閉殻構造をとる傾向があるといっても，4 個もの電子を一度に放出したり受け取ったりするのはエネルギー的に無理があるからである。一般に，価電子の数が 3 個，4 個，5 個であるような原子はイオンを作りにくい*2。とはいえ，無理のないかたちで閉殻構造をとろうとする傾向をもっている。それは，いったいどういう仕組みなのだろうか。

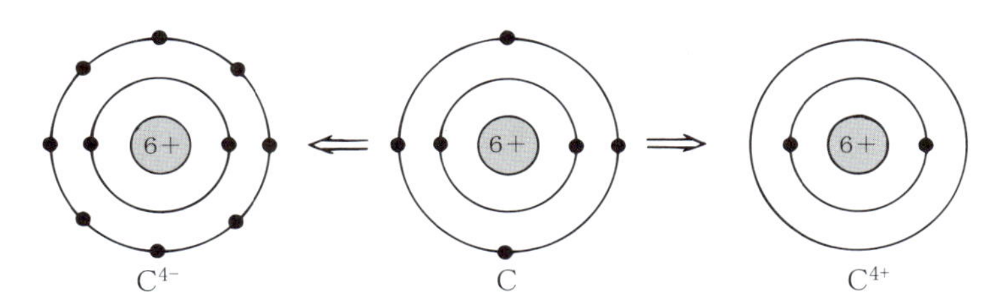

図 3-4　このようなイオンは存在するか？

*1　実際，金属ナトリウム（Na）と塩素ガス（Cl_2）は激しく反応して，塩化ナトリウム（NaCl）を生じる。

*2　アルミニウムなど，3 個の電子を放出して 3 価の陽イオンになるものもある。

3-5-1　水素分子の場合

初めに，水素分子（H_2）を考えてみよう。水素分子は，水素原子 2 個が結合してできた粒子である。水素分子を作っている水素原子は，原子番号が 1 で，構造の最も簡単な原子である（図 3-5）。原子核は陽子 1 個のみからなり，そのまわりを 1 個の電子が回っている。電子が入っている軌道は，通常の状態では一番内側の K 殻である。先に述べたように，K 殻は電子 2 個で満員になるので，水素原子はもう 1 個の電子をもらうことによって閉殻構造をとることができる。ところが水素原子の場合，1 個の電子をもらってできる陰イオン（H^-＝ヒドリドイオン）はあまり安定ではない*1。したがって，閉殻構造をとるためには，陰イオンを作るのではなく，それとは違った様式によらなくてはならない。これは，たとえば水素原子がもう 1 個の水素原子と図 3-5 のような形で結合することによって達成される。つまり，図 3-5 に見られる通り，おのおのの水素原子核のまわりには電子が 2 個ずつ回っている。このとき電子の数は増えているわけではなく，2 個の水素原子がそれぞれ持っている 1 個の電子を互いに共有しあって，それぞれの水素原子が閉殻構造をとるようになるのである。こうして，バラバラに存在する 2 個の水素原子は，互いに結びついて水素分子

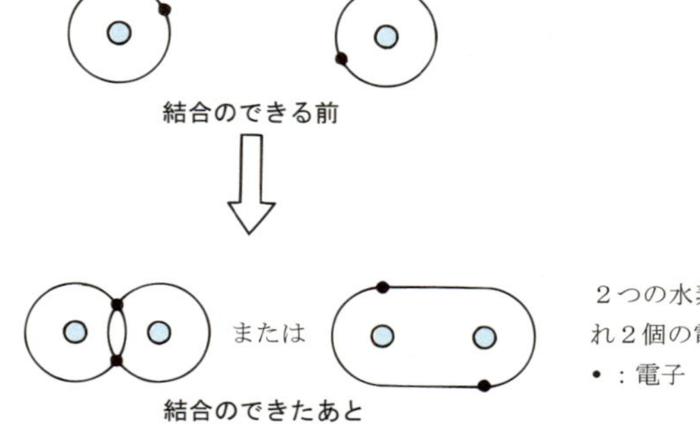

2 つの水素原子核（H）のまわりにはそれぞれ 2 個の電子が回っていることに注目
•：電子　○：水素原子核（＝陽子）

図 3-5　水素分子（H_2）のできかた（模式図）

---

*1　ヒドリドイオン（H^-）が余り安定でないのは，陽子の数に対する電子の数の比が 2：1＝2 と大きいため，中心の陽子（正の電荷をもつ）がまわりの電子（負の電荷をもつ）を引きつける力が相対的に弱いからである。ちなみに塩化物イオン（Cl^-）の場合，この比は 18:17=1.06 となる。

を作ることにより，エネルギー的に安定化する。これが，水素分子のできる理由である。

3-5-2　メタン分子の場合

次に，もう少し複雑な分子であるメタン分子について考えてみよう。メタン分子は，炭素原子 1 個と水素原子 4 個からなる分子で右の構造式で表される。

$$\begin{array}{ccc} & H & \\ & | & \\ H- & C & -H \\ & | & \\ & H & \end{array}$$

この分子の中の 4 つの結合（炭素原子－水素原子の間の結合）は，どういう結合なのだろうか。炭素原子は最外殻の L 殻に 4 個の価電子をもっているので閉殻構造をとる（つまり，安定化する）ためには，L 殻にあと 4 個の電子が必要である。しかし，先に述べたように 4 個の電子を他の原子から受け取って 4 価の陰イオンになるのはエネルギー的に無理がある。そこで，炭素原子は，自分自身の 4 個の価電子と，4 個の水素原子がそれぞれ 1 個ずつ持っている価電子を互いに共有することによって閉殻構造をとろうとする。図 3-6 を見てみよう。できあがったメタン分子の炭素原子のまわりには 8 個の電子が回っており，また水素原子に注目すれば，おのおのの水素原子のまわりには電子が 2 個ずつ回っていることがわかる。すなわち，炭素原子の価電子と，4 個の水素原子がそれぞれ持っている価電

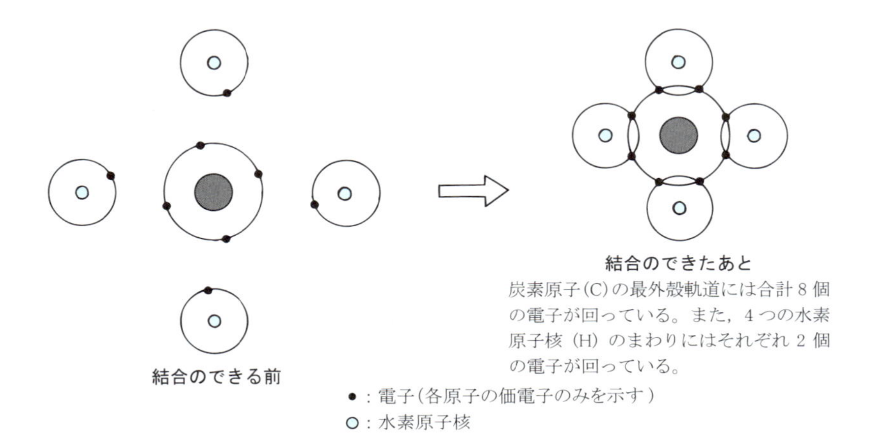

図 3-6　メタン分子（CH_4）のできかた

子をうまく共有しあって，おのおのの原子について閉殻構造をとるような形ができあがっている。ここでも，1 個の炭素原子と 4 個の水素原子がバラバラに存在するより，これらが結びついてメタン分子を作った方がエネルギー的に安定であることがわかる。以上見たように，イオンになって閉殻構造をとることがエネルギー的に無理な原子は，いくつかの原子の間で電子を共有しあうことによって閉殻構造をとり安定化する。こうして，原子と原子の間に結合ができる。このような様式による原子間結合を，**共有結合**とよぶ。

共有結合は価電子の共有によって成り立っているので，分子は電子式を用いて表すことができる。いくつかの例を下に示した。2-4-2 節（p.16）で「手」と称したものは，「2 つの電子を共有している」ということにほかならない。すなわち，結合を表していた線（価標）は，2 つの電子を意味していることになる。

$$\begin{array}{c} H \\ \cdot\cdot \\ H:C:H \\ \cdot\cdot \\ H \end{array} \left(\begin{array}{c} H \\ | \\ H-C-H \\ | \\ H \end{array}\right) \qquad H:\ddot{\underset{\cdot\cdot}{O}}:H\ \ (H-O-H) \qquad \ddot{\underset{\cdot\cdot}{O}}::C::\ddot{\underset{\cdot\cdot}{O}}\ \ (O=C=O)$$

あらゆる分子は，共有結合によっていくつかの原子がつながってできたものである。水素分子のように 2 個の原子が共有結合してできた分子もあるし，高分子（9-2 節，p.132 参照）のように数千個という莫大な数の原子が共有結合でつながってできた分子もある。

3-6 金属結合

私たちの身のまわりに見られる金，銀，銅，アルミニウム，鉄などの金属は，合金類を除いていずれも単一の金属原子からなっている。このように同じ原子どうしが結びつくのは，どのような力によるのだろうか。

簡単な例として，固体の金属である金属ナトリウム (Na) を取り上げよう。金属ナトリウムを構成するのは，ナトリウム原子のみである。ナトリウム原子は，イオン結合の説明のところで見たように，電子を 1 個放出してナトリウムイオン (Na^{+}) となることによって閉殻構造をとり安定化する。したがって，金属ナトリウムを構成するナトリウム原子もやはり，1

価のナトリウムイオンになっていると考えてよい。ところが，金属ナトリウムはナトリウム原子だけでできているのだから，ナトリウムイオンになるとき，ナトリウム原子1個から1個ずつ飛び出した電子を受け取る相手（電子を受け取りやすい原子）はない。それでは，この電子はどうなっているのだろうか。これらの電子は**自由電子**とよばれ，ナトリウムイオンの間を勝手に動き回っている。自由電子がまわりを動き回るため，その動きに束縛されて，ナトリウムイオンは規則正しく並んだ位置から動くことができなくなってしまう。単一の金属原子どうしがバラバラにならず結合する理由は，こうして理解できる。このような様式による結合を**金属結合**という（図3-7)。この結合は，すべてのナトリウム原子がすべての価電子を共有しあってできたものである，と表現することもできる。

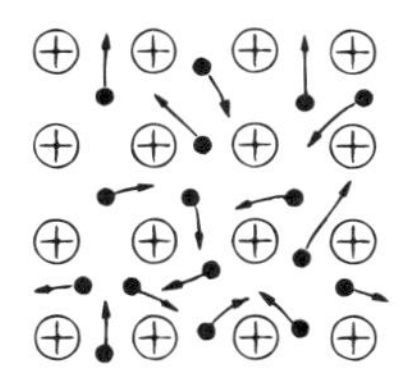

規則正しく並んだナトリウムイオン（Na^+）の間を自由電子が動き回っている。

図3-7　金属結合（ナトリウムの場合）

ナトリウム原子が集まって金属ナトリウムが作られるのは，ナトリウム原子が閉殻構造をとって安定化しようとして，ナトリウムイオンと自由電子が生ずるためである。一方，銅（Cu），鉄（Fe），銀（Ag），金（Au），クロム（Cr）など多くの重金属類の結合様式は，ナトリウムの場合と比べてかなり複雑である。しかし，おおよそのところは類似の考え方で説明できる。

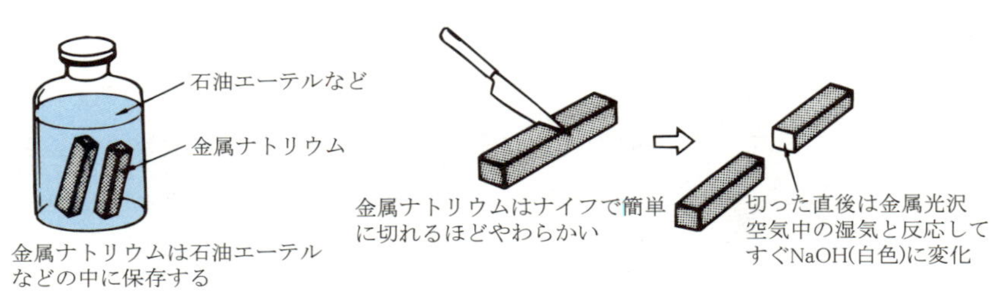

金属ナトリウムのごく小さい切れ端を水で湿らせたろ紙の上に落とすだけで，火を放って爆発的に反応する。この反応の反応式は，以下の通りである。

$$2Na + 2H_2O \longrightarrow 2NaOH + H_2 \uparrow$$

図 3-8　金属ナトリウムの性質を調べる実験

金属ナトリウムは，ナイフで簡単に切れるほどやわらかい金属である。また，電子 1 個を放出する傾向が非常に強いため，きわめて反応性に富み，水と爆発的に反応して水酸化ナトリウム（NaOH）を生じる。空気中の水分（湿気）とも容易に反応するので，石油エーテルなど，水を溶かさない溶媒の中に保存する。

物質の電気伝導性

金属が電気を導くのは，負電荷をもつ自由電子が陽極をめがけて動き，その結果負の電荷を運ぶ役目をするからである。また，イオンが最小単位である物質は結晶状態では電導性はないが，水に溶解したり，高温で融解して液体になったりすると，正と負のイオンが自由に動くことができるようになり，これらが電気を運ぶので電気伝導性を示す。一方，分子が最小単位である物質のほとんどは，どのような状態でも電気を導くことはできない。

電気を通すプラスチック

2000 年のノーベル化学賞は,「導電性ポリマーの発見と開発」に対し, 白川英樹博士ら 3 人に授与された。ポリマー, すなわち高分子化合物 (9-2 節, p.132 参照) は, 分子を最小単位とする物質であり, このような物質には電導性がないのが常識とされてきた。白川博士らが開発したポリマーは, ポリアセチレンというプラスチックで, 多くの炭素原子が単結合と二重結合を交互に繰り返しながらつながってできている (4-2 節, p.50 参照)。これを還元 (または酸化) すると, 分子内の長い炭素鎖の上を余分の電子 (または電子の抜けた「穴」) が動くことができるようになるため, 電気伝導性 (導電性) が生じるのである。この物質は, すでにプラスチック電池などとして実用化されており, 将来さらに多くの製品への応用が考えられている。

3-7　化学結合をまとめると

地球上のような温和な条件下では, 原子はバラバラに存在することはほとんどなく, 原子と原子が何らかの方法で結合していることを述べてきた。これは, あらゆる原子は, 他の原子との間に結合を作ることで閉殻構造をとり, 安定化することができるからである。すなわち, 原子 (希ガス元素の原子を除いて) は, 単独の状態より他の原子と結合した状態の方が安定, つまりエネルギーの低い状態にある。

原子が集まり, 物質を形作る様式(化学結合)には, イオン結合, 共有結合, 金属結合の 3 つのタイプがある。これらの 1 つ 1 つについて, やや詳しく述べてきた。イオンになりやすい原子はイオンとなってイオン結合を作り, イオンになりにくい原子は共有結合を作る。また, 電子をいくつか放出して陽イオンになりやすい原子は, 特に金属結合というものを作る場合がある, ということがわかった。そして, ある原子がイオンになりやすいかどうかは, その原子の価電子の数に大きく依存していることも知った。ある原子の性質というのは, どのような結合を作りやすいかということと同義であるから, ここで 3-2 節からの宿題, すなわち, 原子の性質がなぜ価電子の数によって決まるか, ということが明らかになったわけである。

最後に, どのようにして物質が形作られるか, もう一度まとめておこう。2-1 節の終わりの部分 (p.9) と見比べて欲しい。

① 共有結合によっていくつかの原子が結びついて分子となり，その分子が物質の最小単位となる。→ 分子が最小単位である物質

② 原子が電子を放出するかまたは受け取って，それぞれ陽イオンまたは陰イオンとなり，こうしてできた正と負のイオン間の静電的な結びつき(イオン結合)により物質が構成される。→ イオンが最小単位である物質

③ 原子が自由電子の束縛(金属結合)により規則正しく並ぶ。→ 金属

化学とは，電子の動きを研究する学問であるといっても過言ではない。特に，エネルギーの最も高い軌道にある電子が，化学には最も大切である。

結合エネルギー

原子の結合した状態が，バラバラの状態に比べてどれほど安定かという目安として，**結合エネルギー**というものが使われる。結合エネルギーは，その原子間の結合を切断して原子をバラバラの状態にするのに，どれほどエネルギーが必要かということで表す。通常，1mol(6.02×10^{23} 個)ぶんの結合を切断するのに必要なエネルギーのことを結合エネルギーといい，kJ/mol という単位で表す*1。結合エネルギーの大きさは，結合にあずかる原子の種類やその結合自身の種類などに依存しており，その値が大きいほど結合力は強い。表 3-1 に主な共有結合の結合エネルギーを示した。多重結合の方が値が大きく，強い結合であることがわかる。

表3-1 共有結合の結合エネルギー(kJ/mol, 25℃における値)

二原子分子							
H−H	436	Cl−Cl	243	O=O	494	I−I	151
N≡N	942	H−Cl	432	H−I	299		

多原子分子							
C−H	413	C−C	368	C−N	305	C=O†	803
N−H	391	C=C	588	C=N	610	C=O††	695
O−H	463	C≡C	815	C≡N	890		

† 二酸化炭素の値　†† ホルムアルデヒドの値

*1 kcal/mol という単位もしばしば使われるが，現在では推奨されない。1 kcal/mol = 4.18 kJ/mol

■　演習問題

1）　アンモニア分子のでき方を図3-6のように表してみよ。また，この分子を電子式で表せ。

2）　マグネシウム原子と酸素原子を電子式で表せ。

3）　プロパン（$CH_3CH_2CH_3$），メタノール（CH_3OH），硫化水素（H_2S），シアン化水素（HCN）を電子式で表せ。

4）　周期表を見て，Ca，Br，I の価電子数を考えよ。

5）　1 g の食塩は何個の Na^+ と $C1^-$ からできているか。

6）　エタノール 0.5 mol は何 g か。

7）　マグネシウムは Mg^{2+} になるが，Mg^+ や Mg^{3+} にならないのはなぜか。

4 分子の形はどうして決まるか

物質を構成する粒子として，原子，イオン，分子というものがあるということを学んだ。これらのうち，分子という粒子はそれじたい，いくつかの原子が結合してできたものであるので，その形は分子の種類によってさまざまである。これまでにいくつかの分子の形を紹介したが，この章では，それぞれの分子の形がどうして決まるのかを考えてみたい。ここでも注目するのは電子である。

4-1 電子軌道の形

分子の形を考えるには，まず，その分子を構成する原子の電子軌道の形を知る必要がある。ボーアの原子模型によると，電子軌道の形は円周状に表され，またそのエネルギーのおおよその高さにだけ注目して，K 殻，L 殻，M 殻……というふうに分類されることを前章で見た (p.26 参照)。この模型は，化学結合ができる際の原子間のかかわりを理解するのにたいへん有用であったが，電子軌道の「真の形」までは教えてくれない。電子軌道をその形まで考えに入れて細かく分類すると，表 4-1 にまとめたようになる。

K 殻の電子軌道は s 軌道という 1 種類の軌道からなるが，L 殻の軌道は s 軌道と p 軌道という形の異なる 2 種類の軌道（副殻）に，さらに M 殻

表4-1 電子軌道の種類

電子殻	副殻（軌道の数）
K 殻	1s(1)
L 殻	2s(1)，2p(3)
M 殻	3s(1)，3p(3)，3d(5)

はｓ軌道とｐ軌道およびｄ軌道という３種類の軌道（副殻）に分けられる。1s，2s，2p，…のように頭につけた１，２，３…の数字はそれぞれ，Ｋ殻，Ｌ殻，Ｍ殻…の軌道であることを表す。その形を見るとｓ軌道は球形，ｐ軌道は亜鈴形である（図 4-1）。ｐ軌道は空間的な方向性の違いによって３種類あることに注目して欲しい。ここで重要なことは，１つの軌道には電子はそれぞれ２個までしか入れないことである。したがって，Ｋ殻は２個，Ｌ殻は８個の電子で満員になることが了解できる。さらにＭ殻には 18 個の電子が入るが，８個が入ったところに節目があることがわかる。また，各軌道をエネルギーが低い順から並べると，$1s < 2s < 2p < 3s < 3p < 3d$ となる。

図 4-1 をもう少し詳しく見てみよう。電子軌道の形は，地球を回る人工衛星の「軌道」や，太陽を回る地球の「軌道」の形とはずいぶん様子が異なっており，「雲」のように表されている。実際，電子はある決まった道筋に沿ってぐるぐる回っているのではなく，空間的なある範囲を飛び回っている。そして，電子が，ある瞬間においてどこに存在するかを決める事はできず，観測できるのは，ある場所で電子を見いだす「確率」のみである[*1]。この確率の大小が「雲」の濃淡で表わされているのである。このような「雲」を，**電子雲**（でんしうん）という。

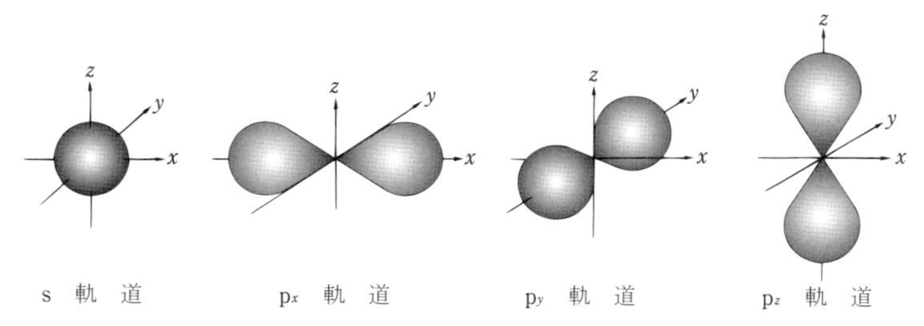

ｓ軌道は球形である。ｐ軌道は亜鈴形で，互いに直交する３対の軌道がある。
電子軌道の形は，電子の存在確率の大きい空間（電子雲）を表している。

図 4-1　電子軌道の形

＊1　電子のような非常に小さな粒子は，原理的に，その位置と速度を同時に決めることができない。いいかえると，このような小さな粒子の動きを正確に観測することは不可能である，という一見ひどく頼りないことになってしまう。しかし，このことは**不確定性原理**という，量子力学の基礎をなす大前提である。

4-2 分子の形

ここまでの説明で，電子が原子核のまわりを飛び回っている様子が，おおよそ理解できただろう。このことを頭に入れて，いくつかの分子の形（構造）を考えていこう。「分子の形」とは，原子がいくつかつながって分子を作るとき，その原子のまわりをおおう電子雲の形のことをいう。

4-2-1 メタン分子の形

メタン分子(CH_4)は，炭素原子(C)が正四面体の中心に位置し，水素原子(H)がその4つの頂点にあるような形をしている（図4-2)。ここで，4本の炭素－水素（C－H）結合は完全に等価であり，区別できないことに注目しよう。このことは，メタン分子を作るとき，共有結合にあずかる炭素原子の4個の電子(価電子)は，すべて等価になっていることを意味する。したがって，これら4個の価電子を含む4つの電子軌道は，形の上でも，エネルギー的にも等価でなくてはならない。ところで，電子はエネルギー準位の低い軌道から順番につまっていくから，炭素原子では通常これら4個の価電子は2s軌道に2個，3つある2p軌道のうちの2つに1個ずつというふうに入っている。ところが先に述べたように，この2s軌道と2p軌道は，エネルギーが若干異なるだけでなく，形も異なるので，これらの軌道にある電子をそのまま結合に使う限り，4つの結合は等価ではあり得ない。

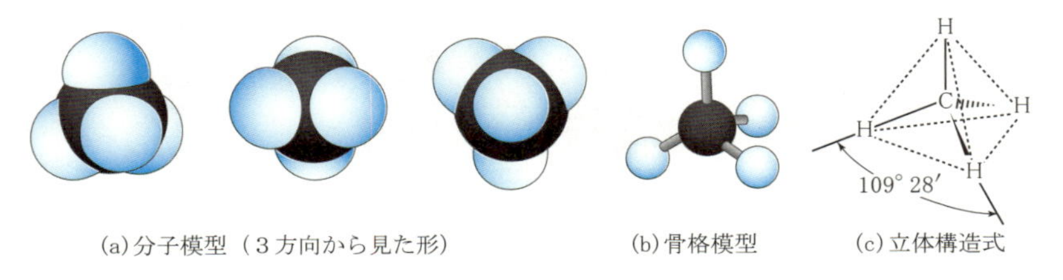

(a)分子模型（3方向から見た形）　(b)骨格模型　(c)立体構造式

4本の炭素－水素（C－H）結合は完全に等価である。

図4-2　メタン分子

この一見矛盾することを説明するために，**混成軌道**という考えが使われる。メタン分子を作るにあたって炭素原子は，1つの2s軌道と3つの2p軌道から，新しく4つの等価な軌道を作ると考えるのである。新しく作られるこの軌道を，sp^3 **混成軌道**という（図 4-3）。こうしてできた 4 つの sp^3 混成軌道に 1 個ずつ電子が入り，それらがそれぞれ水素原子の 1s 軌道の電子と共有結合してメタンの分子ができあがっていると考えれば，メタン分子の形をうまく説明できる（図 4-4）。

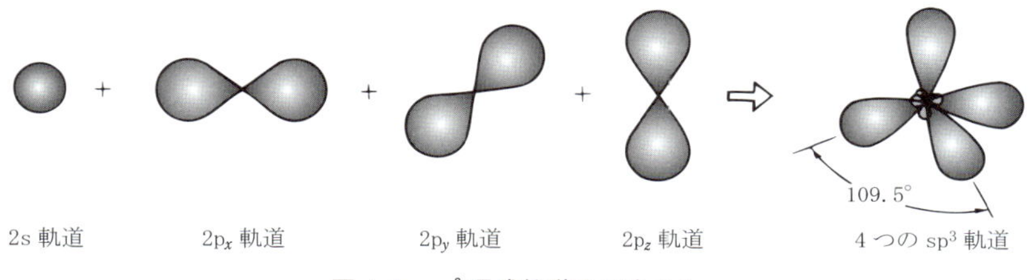

図 4-3　sp^3 混成軌道のできかた

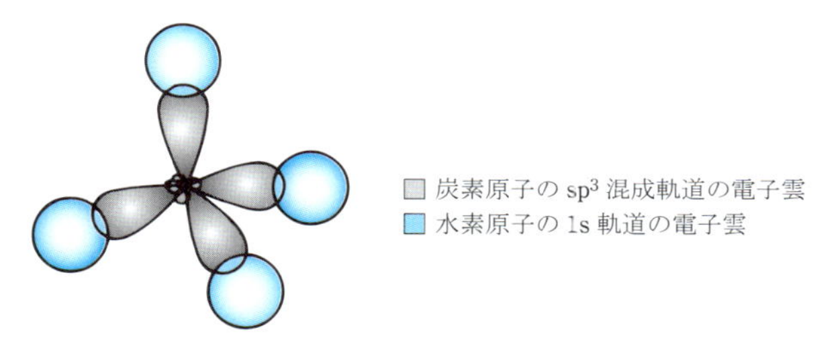

図 4-4　電子雲の重なりで表したメタン分子の結合

4-2-2　エチレン分子の形

エチレン分子（$CH_2=CH_2$）（図 4-5）の場合，sp^3 混成軌道の代わりに，炭素原子の 1 つの 2s 軌道と 2 つの 2p 軌道から，図 4-6 のような平面形の sp^2 混成軌道が 3 つできると考える。そして，この sp^2 混成軌道が炭素原子どうしの結合，および炭素原子－水素原子間の結合にあずかると考える

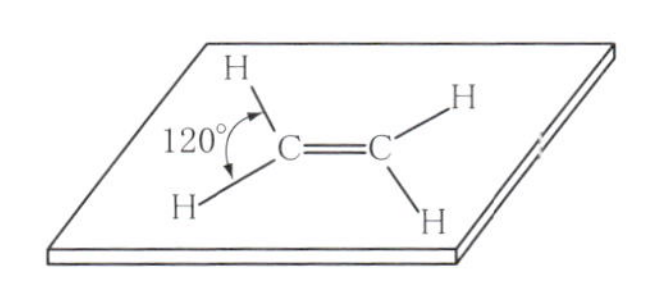

6 つの原子（4 つの水素原子と 2 つの炭素原子）は同一平面上にある。

図 4-5　エチレン分子

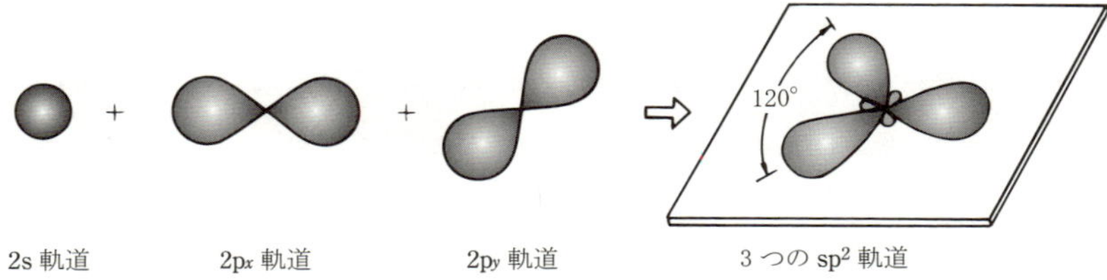

1 つの 2s 軌道と 2 つの 2p 軌道から 3 つの等価な sp^2 軌道が作られる。

図 4-6　sp^2 混成軌道のできかた

と，実測されたエチレン分子の形をうまく説明できる（図 4-7）。ところで，このとき炭素原子の 2p 軌道が 1 つ余ってしまう。この余った 2p 軌道には電子が 1 個入っているので，この 2p 軌道を使ってもう 1 つ炭素－炭素結合を作ることができる。この結合は，いままでに見てきた結合とは（同じ共有結合ではあるが）異なる性質をもっていて，**π 結合**（パイ）といわれる。それに対し，いままで見てきた結合は **σ 結合**（シグマ）といわれる。つまり，エチレン分子における炭素原子間の二重結合の 1 本は σ 結合であり，もう 1 本は π 結合である。炭素原子と水素原子の間の結合は，もちろん σ 結合である。π 結合は，一般に σ 結合より弱い結合であり，切断して他の原子（あるいは原子団）と結びつきやすい。つまり，π 結合をもつ分子は，より反応性が高い。ここで，π 結合にあずかる電子を，特に **π 電子**という。

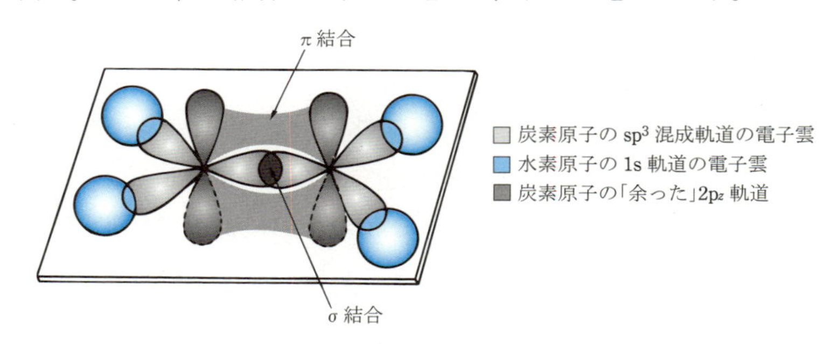

図 4-7　電子雲の重なりで表したエチレン分子の結合

4-2-3　アセチレン分子の形

アセチレン分子（CH≡CH）（図 4-8）を作る際には，炭素原子の 2s 軌道 1 つと 2p 軌道 1 つから 2 つの sp 混成軌道ができるとすると（図 4-9），こ

$H-C \equiv C-H$

アセチレン分子は直線状の分子である。

図 4-8　アセチレン分子

1 つの 2s 軌道と 1 つの 2p 軌道から 2 つの等価な sp 軌道が作られる。

図 4-9　sp 混成軌道のできかた

の分子の直線的な形を説明できる。この場合には，炭素原子の余った 2 つの 2p 軌道（π 電子を 1 個ずつ含む）を使って，2 本の π 結合が作られる。つまり，アセチレン分子の場合，炭素原子間の三重結合は 1 本の σ 結合と 2 本の π 結合からなっていることになる。

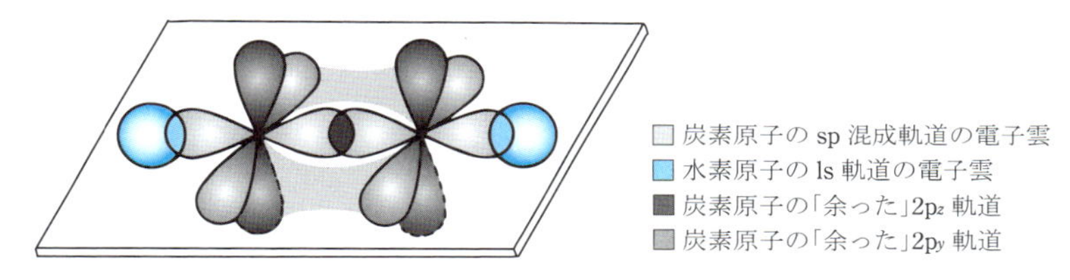

図 4-10　電子雲の重なりで表したアセチレン分子の結合

4-2-4　ベンゼン分子の形

ベンゼン分子（C_6H_6）は 2-5 節（p.22）で見たように，6 個の炭素原子が正六角形状に並んだ形をしている。この形は，これらの炭素原子が sp^2 混成軌道を作り，σ 結合によって互いに結合していることを示している。炭素原子と水素原子の間の結合も，同じように σ 結合である。各炭素原子上には電子を 1 個含む 2p 軌道が 1 つずつ余るので，エチレン分子の場合と同様にこれらの 2p 軌道の間で π 結合が作られ二重結合が形成される（図 4-11）。

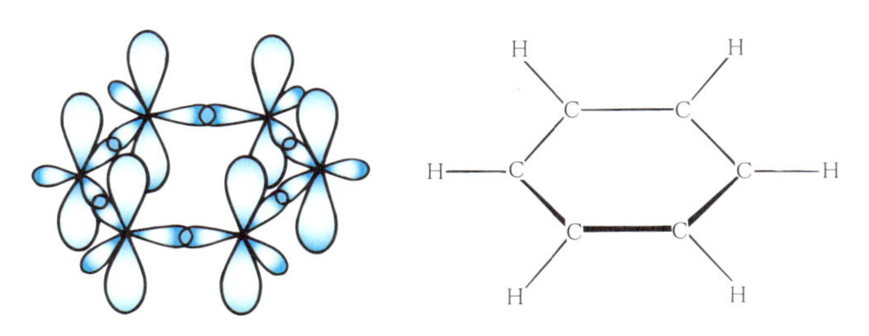

図 4-11　電子雲の重なりで表したベンゼン分子の結合

さてここで，仮に，ベンゼンの6本の炭素－炭素結合のうち，1つおきに二重結合ができていると考えてみよう（図4-12)。このような結合のしかたでは，ベンゼン分子は正六角形にならない。なぜなら，炭素－炭素間の二重結合は，一般に単結合より短いからである。つまり，この構造は，それぞれの原子のもっている価電子の数から考えると何ら矛盾はないが，ベンゼン分子の6本の炭素－炭素結合の長さがすべて等しいという観測結果と合わない。それでは，ベンゼン分子の炭素－炭素結合はどのような結合なのだろうか。

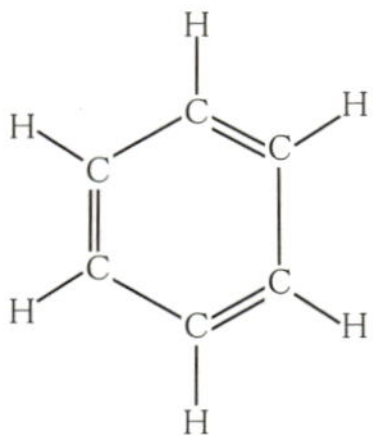

二重結合が1つおきにあるとすると，正六角形にならない。

図4-12　仮想的に考えたベンゼン分子の構造式

ベンゼン分子の場合，6つの余った2p軌道に含まれていた電子（π電子）は特定の結合の上にあるのではなく，分子全体に広がって自由に動き回っている。そして，6本の炭素－炭素結合の長さは，単結合と二重結合の中間の長さである。この様子をπ電子の電子雲で表すと，図4-13のようになる。6個の炭素原子が作る正六角形の平面の上下に描かれているドーナツ状の電子雲の中を，6個のπ電子が飛び回っているのである。

ベンゼン分子に見られるような，π電子が3つ以上の原子の上に広がっ

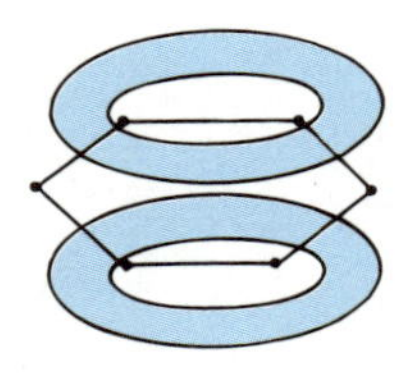

ドーナツ状の電子雲の中を6個のπ電子が飛び回っている。

図4-13　ベンゼン分子のπ電子の電子雲

た構造を，共役系(きょうやく)という[*1]。共役系にあるπ結合は，エチレン分子などに見られる独立したπ結合と異なり，安定化しているので反応性は低い。

芳香族性

第2章で，ベンゼンやベンゼン環を持つ化合物の仲間を**芳香族化合物**とよび，それらが発揮する独特の反応性を**芳香族性**とよぶことを述べた。ここで，芳香族性について少し詳しく見てみよう。

ベンゼン分子やナフタレン分子のように，**π電子**を持つ原子が同一平面上で環状に並んだ構造の分子を考える。ベンゼン分子では，6個の炭素原子から1つずつ供給されたπ電子が6π電子系を形作っている。つまり，計6個のπ電子がベンゼン環全体に分布している（「**非局在化**している」という）（p. 50, 図4-13）。ナフタレン分子は，π電子を持つ炭素原子10個からなっており，10π電子系である。さらに，アントラセン分子は14個の炭素原子からなる14π電子系である。ベンゼンやナフタレン，およびアントラセンという物質はきわめて安定で，環上の置換反応などを起こしにくい。このことを拡張してゆくと，環状化合物のπ電子系に含まれる電子の数が，6個，10個，14個…，つまり，$4n+2$ ($n=0, 1, 2, 3, \cdots$) 個であるとき，その環状化合物は異常な安定性を示すことがわかる。この法則を**ヒュッケル則**という。このようにヒュッケル則を満たす化合物が発揮する安定性を**芳香族性**とよぶ。芳香族化合物の分子では，π電子は共役した環構造（芳香環）全体に分布している。

多くの芳香族化合物の分子は，6員環であるベンゼン環からなっている。しかし，5員環の芳香族化合物や炭素原子以外の原子を含む芳香族化合物も数多く知られている。たとえば，シクロペンタジエニルアニオンでは，アニオン（陰イオン）の2個の電子がπ電子系に参加し6π電子系となっている。また，チオフェンでは硫黄の非共有電子対（p. 102参照）のひとつからπ電子2個がπ電子系に関与し，やはり6π電子系となる。これらの化合物はいずれも芳香族性を示す。

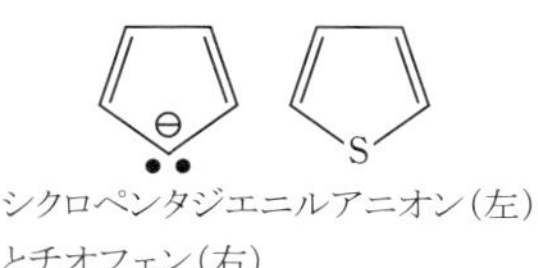

シクロペンタジエニルアニオン（左）とチオフェン（右）

ここで，ヒュッケル則などの従来理論に合わない非古典的な芳香族性を紹介しよう。輪をたどっていくといつの間にか表が裏になるメビウスの輪と同じように，π電子をもつ原子が並んでねじれた大環状構造を作

*1　2個以上の二重結合が単結合をはさんでつながっている構造のことである。

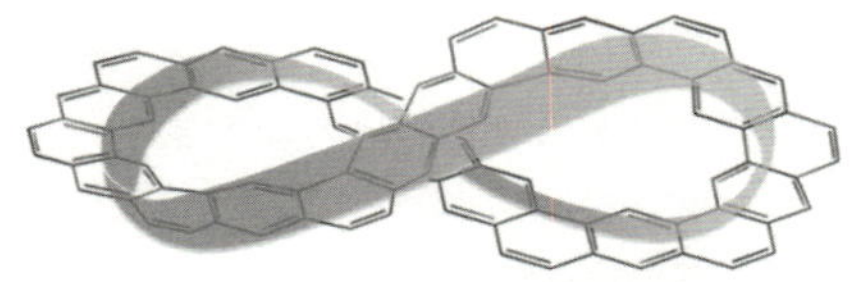

架空のメビウス芳香族化合物

る分子を考える。理論計算によると，このような分子は，π 電子の数が $4n$ 個になったときに安定化することが示される。ヒュッケル則の予測に反するこのような芳香族性はメビウス芳香族性とよばれ，その実在をめぐっては長く論争が続いた。2007年になって，ポルフィリンの誘導体がメビウス芳香族化合物として単離され，一応の決着をみている。

4-3　分子内の原子のつながり方

第2章では原子と原子が組み合わされて分子ができること，および，分子を書き表すにはいくつかの種類の化学式があることを知った。また，この第4章では，分子がどのような形をしているかということを学んだ。ところで，いくつかの原子が組み合わされて，ある立体的な形をもった1つの分子を作るとき，その分子に含まれる原子の種類と数が同じ（つまり，分子式が同じ）でも，そのつながり方が違うとまったく別の分子になってしまう。このような，同じ分子式をもちながら異なる化合物どうしを，互いに**異性体**という。異性体どうしを区別して書き表すためには，何種類かある化学式のうち，より詳しい化学式を使わなければならない。具体的な例に基づいて見ていこう。

4-3-1　構造異性体

ジメチルエーテルという化合物を考えてみよう。これは

$$CH_3OCH_3$$

という示性式で表される化合物である。この示性式は，この化合物の分子が，エーテル結合という2個の炭素原子と結合した酸素原子の部分（−O−）を持つことを示している。次に

$$C_2H_5OH$$

という示性式をもつエタノールという化合物の分子を考える。この示性式を見ると，エタノールはヒドロキシ基（−OH）を含んでいることがわかる。ここで，上の2つの化合物を分子式で表してみよう。すると，ともに

$$C_2H_6O$$

という分子式になる。つまり異なる 2 つの化合物，ジメチルエーテルとエタノールは，同じ分子式を持つので，区別して表すためには示性式を使う必要がある（図 4-14）。

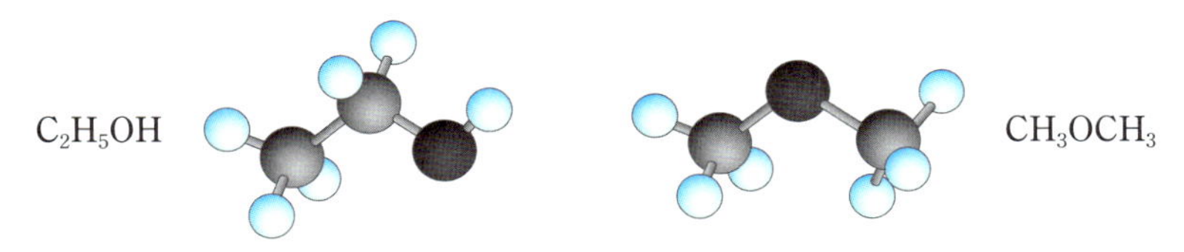

原子の種類と数が同じでも，つながり方の違いで異なる分子になる。

図 4-14　エタノールとジメチルエーテルの骨格模型

もう 1 つ例をあげよう。次に示した構造式で表される化合物がある。左は 1-プロパノール（*n*-プロピルアルコール），右は 2-プロパノール（イソプロピルアルコール）という化合物で，両者は異なる化合物である。ところが，これらを示性式で表すと，どちらも

1-プロパノール　　　2-プロパノール

$$C_3H_7OH$$

となって区別がつかなくなってしまうので，構造式を用いて区別する必要がある。

以上の 2 つの例のように，異なる化合物であるにもかかわらず，分子式で表すと同じになってしまったり，示性式で表すと同じになってしまう場合がある。これらの化合物どうしを，互いに**構造異性体**であるという。

平面構造式は，立体的な分子を，便宜的に平面に表したものであるので，同じ化合物の分子でも，さまざまな表し方ができる。図 4-15 に示した 5 種類の平面構造式は，いずれも先に述べた 1-プロパノールの構造式である。単結合は自由に回転できるということを考慮すれば，どの構造式も同じ分子を表していることが納得できるだろう。

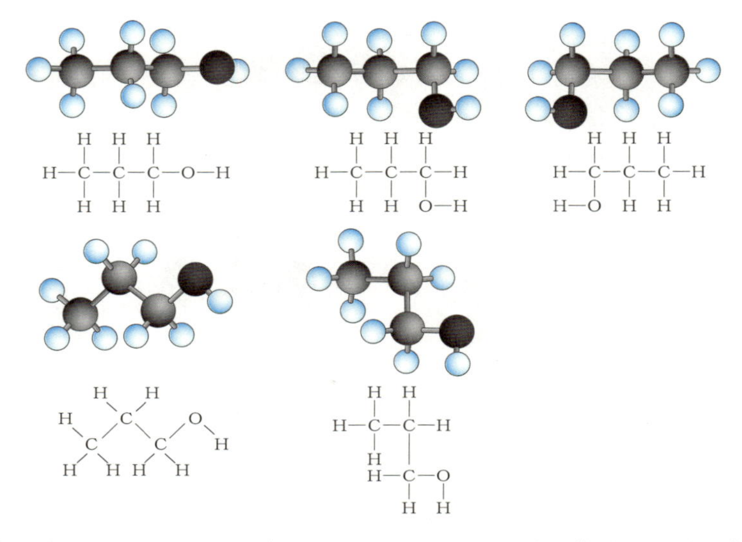

結合を回転させたり，見る方向を変えたりすることで，分子は，さまざまな形に見え，構造式の書き方もさまざまであるが，5つの構造式は，すべて同じ分子を表している。

図 4-15　1-プロパノールのいろいろな構造式

このほかにも，炭素鎖の骨格に違いがあることに基づく構造異性体がある。たとえば，C_4H_{10} という分子式で表される分子は，炭素原子4つの骨格が直鎖状か，枝分かれをしているかによって次の2つの異性体がある。

```
  H   H   H   H             H   H   H
  |   |   |   |             |   |   |
H-C - C - C - C-H         H-C - C - C-H
  |   |   |   |             |   |   |
  H   H   H   H             H   |   H
                              H-C-H
                                |
                                H
```

この種の異性体の数は，炭素数の多い分子ほど多くなり，たとえば，C_6H_{14} および C_7H_{16} という分子式をもつ化合物の異性体の数は，それぞれ5個と9個である。$C_{30}H_{62}$ になると，その数は 4.11×10^4 個にもなる。

4-3-2　シス - トランス異性体

図 4-16 に構造式で示した (a) と (b) は，同じ化合物の分子だろうか。ここで，(a) と (b) は，炭素原子の間の結合が二重結合であるということに注目しよう。二重結合は単結合と違って自由に回転することはできない。

つまり，(a) の形から (b) の形へ簡単に変わることはできない。したがって，(a) と (b) は異なる分子であるということになる。(a) と (b) は，分子式で表すとともに $C_2H_2Cl_2$ であり，また示性式で表しても，どちらも CHCl ＝ CHCl というふうになって区別ができないが，異なる化合物なのである。このような化合物どうしを，互いに**シス－トランス異性体**（幾何異性体）であるといい，(a) のようにより大きな基が二重結合に対して互いに反対側にあるものをトランス（*trans*）体，(b) のように同じ側にあるものをシス（*cis*）体とよんで区別する[*1]。トランス体とシス体を区別して書き表すためには，平面構造式を用いる必要がある。ちなみに，図 4-16 の (c) と (d) は炭素原子間の単結合が自由に回転できるので同じ化合物の分子である。

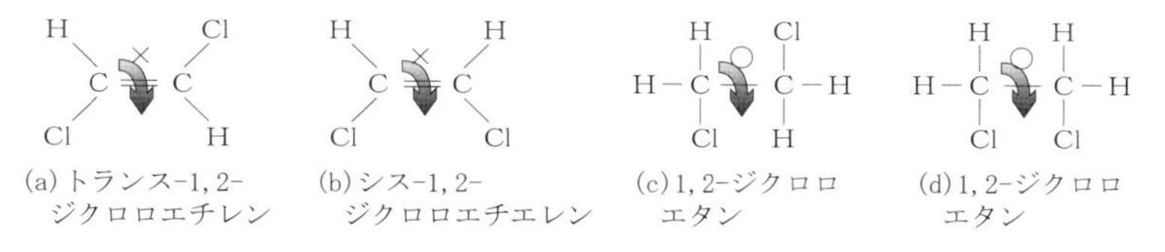

図 4-16　CHCl＝CHCl という示性式で表される 2 通りの化合物と CH_2Cl-CH_2Cl の構造式

4-3-3　鏡像異性体

立体的な広がりをもつ分子を，平面的に紙の上に書き表すことで区別ができなくなってしまう分子もある。図 4-17 に立体構造式で示されている分子 (a) ～ (c) を考えよう。これは，タンパク質を構成するアミノ酸の一種，アラニンである（10-1-1 節，p.144 参照）。

これらのうち，(a) と (c) は適当な回転操作で重ね合わすことができるので，同じ化合物の分子であることがわかる。一方，(a) と (b) は，どのようなことをしても絶対重ね合わすことができない。つまり，(a) と (b)

---

*1　より厳密な命名法では，シス体は Z 体，トランス体は E 体と呼ばれる。ただし，化合物の置換基によっては，この対応関係が逆になる場合もある。

眼が光を感じるわけ

動物の眼が光を感じることができるのは，網膜上にタンパク質の光センサーがあるためである。このタンパク質はロドプシンと呼ばれ，レチナールという C=C 二重結合をたくさんもつ有機化合物が結合している。レチナールの C=C 二重結合の大部分はトランス型になっているが，中央付近の 1 か所だけはシス型である。このレチナールに光が当たると，シス型だった結合がトランス型に光異性化する。中央の二重結合がシス型で折れ曲っている形をしたレチナールと，ここがトランス型になって延びきった形をしたレチナールではずいぶんと形がちがうので，タンパク質のほうもそれにともなって変形せざるをえない。この変形が引き金となって神経が作動し，脳にまで情報が伝えられる。トランス型になったレチナールは，酵素の働きによってゆっくりシス型へ戻る。したがって，通常の光を受けているときは，常に充分にシス型のレチナールがあるので光は連続的に感じ取られる。しかし，カメラのフラッシュや太陽の光を直接眼で見ると，一瞬のうちに大量の光が眼の中へ入ってくるため網膜上のレチナールがすべてトランス型に変わってしまい，しばらくの間，それ以上光が入ってきても感じなくなる。これが，一瞬「目がくらむ」理由である。

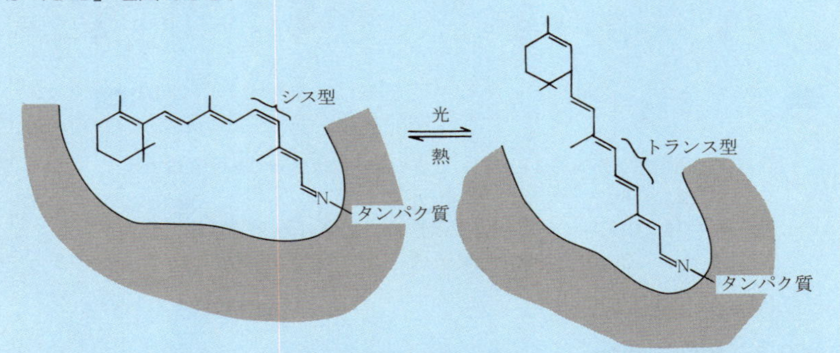

レチナールが不足すると，光刺激を十分に脳に伝えることができなくなり，光量の少ない夜などには眼が見えなくなる。これが，夜盲症である。レチナールはビタミン A から作られるので，ビタミン A の欠乏は夜盲症を引き起こす。

は違う化合物の分子を表しているのである。さらによく見ると，(a) と (b) は互いに鏡に写した関係になっていることがわかる。このような関係にある化合物どうしを互いに**鏡像異性体**であるという。このことはちょうど，人間の右手と左手（もちろん右足と左足でもよい）の関係に似ている。

鏡像異性体どうしは，その分子を立体構造式で書き表さない限り区別できない。ある化合物の分子の中で，1 つの炭素原子が異なる 4 つの原子（あ

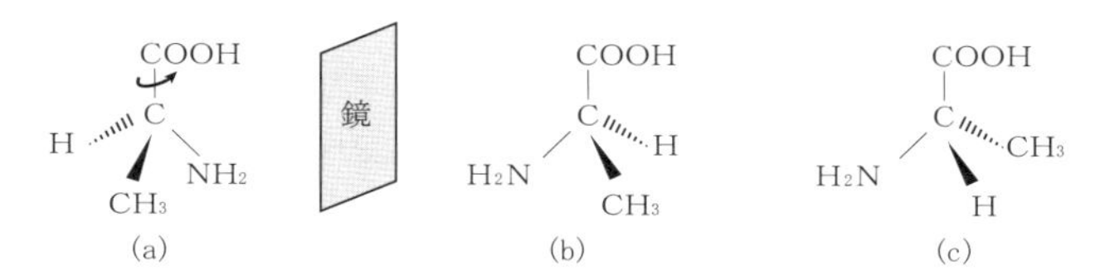

(a) を C－COOH 軸のまわりに 180° 回転すると (c) と同じになる。しかし，どのような回転操作によっても，(a) は (b) と同じにはならない。
原子団（$-NH_2$，$-CH_3$，－COOH）は 1 つの原子と同じように考えればよい。

図 4-17　アラニンの立体構造式

るいは原子団）と結合しているとき[*1]，その 4 つの原子(原子団)との結合の方向の違いにより，2 種類の互いに鏡像異性体である化合物ができる[*2]。鏡像異性体どうしを区別するためには，D，L という記号が使われる[*3]。図 4-17 のアラニンでいえば，(a) (＝(c)) は L-アラニン，(b) は D-アラニンとよばれる化合物である。

平面構造式は，もともと分子の立体的な形を無視して書かれるものなので，分子の立体構造に由来する異性体を区別して表すことはできない。したがって，鏡像異性体どうしを区別して表すには，立体構造式を用いる必要がある。

互いに鏡像異性体である化合物は，偏光(その振動面が，ある特定の 1 つの面だけにある光)の偏光面を右か左のどちらかにねじ曲げる性質をもっている。この特異な光学的性質のため，鏡像異性体は**光学異性体**ともよばれる。偏光面をねじ曲げる程度（**旋光度**（せんこうど））は，1 つの鏡像異性体とその対となる鏡像異性体で，大きさが同じで左右の方向が逆になる（**右旋性**（うせん），**左旋性**（きせん）という）。

＊1　このような結合をしている炭素原子を，**不斉炭素**（不斉な炭素原子）といい，不斉炭素を含む分子を，**不斉分子**という。

＊2　炭素以外の原子が不斉中心になることもある。たとえば，リン原子は 3 つの異なる原子（団）と 1 つの非共有電子対（p. 102 参照）で不斉を生じることがある。また，不斉原子はもたないが，分子全体で鏡像異性体が生じる場合もある（p. 24，p. 58 参照）。

＊3　DL 表記法は，アミノ酸や糖類の鏡像異性体を区別するために慣用的に使われるが，正式な命名法として *RS* 表記法がある。

鏡像異性体の作り分け

生物界には，ほんのわずかの例外を除いて，2 つの鏡像異性体のうち片方の異性体しか見られない。たとえば，生物に必須なアミノ酸はほぼすべての生物で L 体のみである。生物は，こうした鏡像異性体のある化合物を自らの体内で合成するとき，必要な片方の鏡像異性体のみを間違いなく合成する。一方，実験室で鏡像異性体の片方ずつを作り分けることは通常きわめて困難で，それを可能にする不斉触媒（下図）の開発で，2001 年，野依良治博士にノーベル化学賞が与えられた。

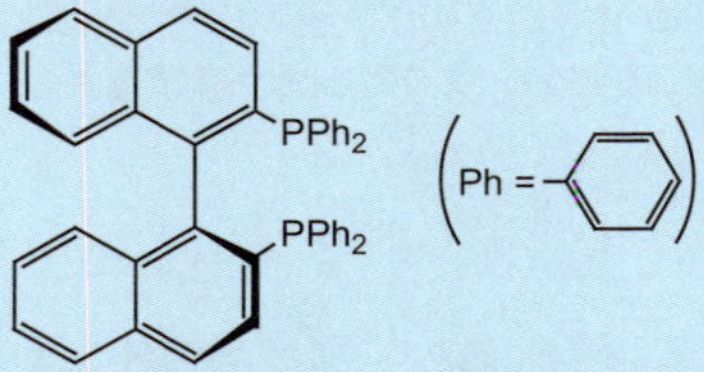

BINAP　この化合物は不斉原子をもたないが，2 つの芳香環のねじれ方が 2 通りあって，鏡像異性体が生じる（軸不斉という）。この 1 つの鏡像異性体を配位子としてもつ遷移金属錯体は，不斉触媒として働く。

ところで，アミノ酸の 1 つである L-グルタミン酸のナトリウム塩が「旨味」の成分であることが，1908 年，日本人化学者，池田菊苗によって発見され，今では旨味調味料として広く使われている。右手の手袋が左手には合わないように，人間の舌は D-グルタミン酸ナトリウムの味を感じない。旨味を感じる L-グルタミン酸ナトリウムだけを生産するには，穀物などを原料にした発酵という生物学的方法が行われている。

同じ元素からできているが性質の異なる単体を，たがいに**同素体**であるという。炭素の同素体には，**黒鉛**（**グラファイト**，**石墨**），**ダイヤモンド**，**フラーレン**などがある。ダイヤモンドは，図 5-10（p.68）に示すように，炭素原子が共有結合によって堅固な 3 次元に組みたてられてできており，その結果，地球上で最も硬い物質となっている。一方，黒鉛はベンゼンの骨格（p.22）をどこまでも並べた平面が重なった構造をしている。1 炭素あたり 1 個の電子が平面と平面の間をぐるぐる走りまわっているので，黒鉛には電気を通す性質がある。平面と平面をつなぐ力は弱いから，その間には少しの力で簡単にズレが生じ，形がくずれる。この性質から，黒鉛は鉛筆の芯に使われている。フラーレンおよびその関連化合物は近年注目されている炭素の単体であり，これについては第 12 章で詳しく述べる。

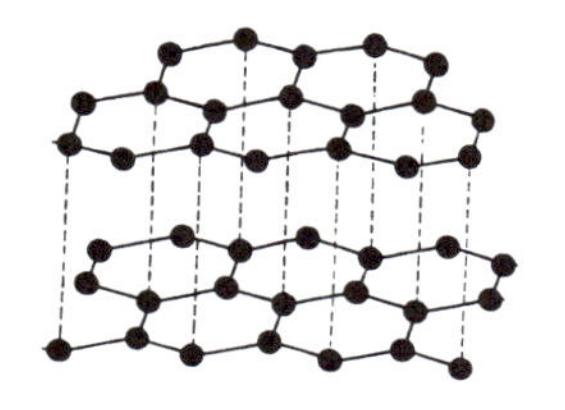

図 4-18　黒鉛の構造

4-4　分子の形はどうしてわかるか

分子のようなきわめて微細な粒子は，非常に精巧な顕微鏡を用いても直接見ることは原理的にきわめて困難である。それでは，分子の形はどうして知ることができるのだろうか。分子の形（構造）は，さまざまな機器を駆使して得られた知識を総合して決められているのである。ここで，機器分析のいくつかを簡単に紹介しよう。

(1) マイクロ波分光法

赤外線より少し波長の長い電磁波であるマイクロ波を一酸化炭素分子（CO）が吸収すると，一酸化炭素分子の振動や回転の様子が変わる。このとき，どんな波長のマイクロ波を吸収するかを測定することにより，その結合の長さなどを知ることができる。単純な構造の分子では，この方法で結合の長さ，結合角などがわかる。

電子レンジは，ある波長のマイクロ波を食品にあてる装置である。食品中に含まれる水にそのマイクロ波を吸収させて，水の分子の運動を激しくしてやる，つまり水の温度を上げる（5-3-1 節，p. 65 参照）仕組みになっている。水以外のもの，たとえばガラス容器は，この波長のマイクロ波を吸収しないので温まらないのである。

(2) 赤外線分光法

ある分子の中の原子間結合は，絶えず伸び縮みしたり，結合の角度を変えるなどの振動（伸縮振動，変角振動）をしているが，この振動の状態は赤外線を吸収して変化する。このとき，吸収する赤外線の波長，吸収の強さなどは，結合の種類によって特有であるので，この吸収の様子を赤外分光器という装置を用いて観測することにより，分子内にどんな結合が存在するかを調べることができる。この分析法を赤外線分光法という。

(3) 核磁気共鳴吸収法

分子を強い磁場の中に置いたとき，分子内の水素（^{1}H）の原子核は，その分子内の微視的な環境に応じて特定の波長の電磁波を吸収する。この現象を利用して，分子内の水素原子の数，結合状態などに関する情報を得ることができる。この分析法は，核磁気共鳴吸収法（NMR）といわれ，近年医学面への応用も盛んになってきた*1。なお，強い磁場内で電磁波を吸収する核種としては水素原子核のほか，炭素の同位体の1つである炭素13（^{13}C）の原子核など，多くのものが知られており，これらの核種のNMRも分子構造を決定するために重要な役割を果している。

■ 演習問題

1） C_6H_{14} という分子式で表される分子の化学構造式をすべて書け。

2） 二重結合を1つ含み C_4H_8 という分子式で表される分子の構造式をすべて書け。

3） C_4H_9-OH という示性式で表される分子の構造式をすべて書け。

4） 右の平面構造式で表される分子の一対の鏡像異性体を立体構造式で書け。

```
     CH3
     |
H—C—COOH
     |
     OH
```

5） 右の構造式で表される分子に異性体は存在するか。あれば構造式で示せ。

```
   Cl
   |
H—C—Cl
   |
   H
```

6） CH_3COCH_2OH という分子に含まれるすべての官能基の名称を述べよ。また C=O という化学構造を含み，この分子と異性体の関係にある分子の構造式を少なくとも3つ書け。

7） ベンゼンの6個の水素原子のうち，2個を塩素原子に置き換えてできる分子にはどのようなものが考えられるか。

---

*1 人間の体内に分布する水分子の水素原子核をこの原理によって観測し，水分子の存在状態を知ることで病気の診断を行う。医療用に使われる装置は，特にMRIと呼ばれている。

5 物質はどのように存在しているか

いままで，物質をきわめて小さな粒子としてとらえることについて学んできたが，私たちは実際には，物質を，固体や液体や気体といった人間の五感によって区別できるような巨視的（マクロ）な視点から認識している。では，微視的（ミクロ）に見たとき，固体や液体や気体とはどういう状態なのであろうか。また，物質は他の液体物質に溶けこんで，巨視的に見て均一な状態，すなわち溶液として存在している場合もある。この状態はどのようにとらえたらよいのであろうか。この章では，物質の存在状態を微視的な観点と巨視的な観点の両面から眺めていくことにしよう。

5-1　物質の三態

あらゆる物質は，基本的に固体か液体か気体かの**三態**のうちのいずれかの状態で存在している。これら物質の三態を，微視的な観点から眺めてみよう。図 5-1 は，それぞれの状態を模式的に示したものである。

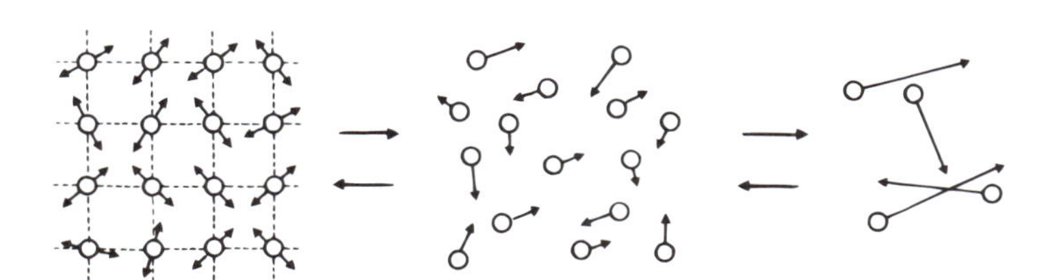

(a) 固　体
粒子は固定された位置で振動しながら隣の粒子と弱く結びついている。

(b) 液　体
粒子どうしは，結びつこうとする拘束力を受けてはいるが，自由に互いの位置を変えることができる。

(c) 気　体
粒子どうしが結びつこうとする力は無視できるほど小さく，１つ１つの粒子は自由に飛び回っている。

図 5-1　微視的にみた物質の三態

ここに示したような粒子運動は**熱運動**と呼ばれ，温度が高くなるほど激しく，温度が低くなると穏やかになる。したがって，温度をどんどん下げていくと，熱運動がまったく起こらなくなってしまうことになる。つまり，温度には下限がある。その温度は，すべての物質で同じで，−273.15℃であり，これは**絶対零度**と呼ばれる。分子が熱運動をしていることは，部屋の片隅に置いた芳香剤の分子が部屋中に**拡散**することや（図 5-2），水の中に静かに落としたインクが拡がっていき，ついには均一な溶液になることからもわかる。

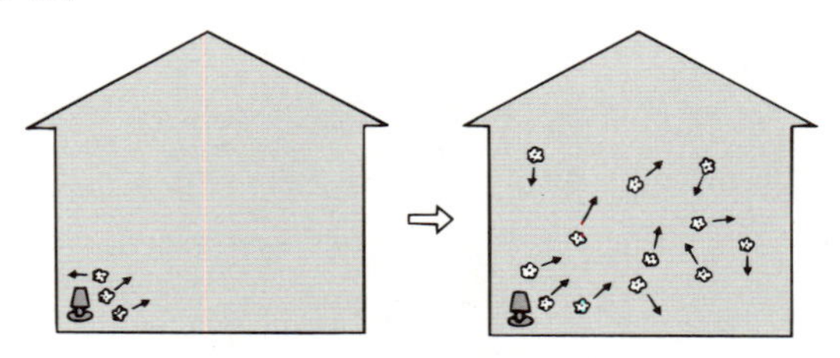

図 5-2　芳香剤分子の拡散

分子間には互いに引き合う力[*1]が働いており，そのために分子どうしバラバラにならずに，固体や液体としてまとまって存在することができる。しかし，温度が高くなって熱運動が激しくなり，この力に打ち勝つようになると，分子はバラバラになって気体の状態になる。つまりこのような分子どうしの結びつきは大変弱く，わずかの熱エネルギーで切れてしまう。分子内の原子どうしを結びつけている共有結合に比べ，はるかに弱い。

5-2 気　体

5-2-1 気体の状態方程式―巨視的な取り扱い

気体について巨視的にとらえるときまず考えなければならない要素は，圧力[*2]，温度，体積，物質量などの物理量である。これらの量の関係につ

*1　無極性分子間に働くファン・デル・ワールス力などの分子間力や，水素原子を介して結合する水素結合などがある。分子間に働く力の強さは物質によって異なり，そのため沸点や融点は物質によって違う。詳しくは後に述べる。

*2　圧力の単位には atm（気圧），mmHg，Pa（パスカル）などがある。気象情報では，hPa（ヘクトパスカル）という単位が用いられる。1 atm = 760 mmHg = 101325 Pa = 1013.25 hPa

いては，「気体の体積は圧力に反比例する」（ボイルの法則），「気体の圧力は絶対温度に比例する」（シャルルの法則）という法則があるが，これらをまとめて**気体の状態方程式**（5-1 式）で表すことができる。

$$PV = nRT \tag{5-1}$$

ここで，P は気体の圧力，V は気体の体積，T は気体の絶対温度，n は気体分子の物質量を表す。R は気体定数と呼ばれ，その値は 0.082 $\mathrm{atm \cdot L \cdot mol^{-1} \cdot K^{-1}}$ である。

気体の状態方程式は，気体の種類に無関係に近似的に成立する。これは，気体の分子が飛び回っている空間が，分子自身の体積に比べて非常に大きいため，分子の種類が異なっても，同じ物質量の気体分子の占める体積がほとんど同じであるからである。しかし，厳密には分子自身の体積の影響を無視することはできないので，実在の気体は上の状態方程式にあてはまらない[*1]。そこで実在の気体にあてはまるように近似を高めた式としてファン・デル・ワールスの式（実在気体の状態方程式）が使われる。

$$(P + n^2a/V^2)(V - nb) = nRT \tag{5-2}$$

(5-2) 式は (5-1) 式の P と V のかわりに補正した項が使われている。その中の a や b は気体の種類に特有の定数である。

5-2-2　気体の分子運動論―微視的な取り扱い

気体の温度，圧力などの巨視的な性質は，すべて気体分子の微視的な運動の集積として解釈することができる。気体の持つ熱エネルギーは，分子の運動エネルギーの総和であるとみなせる。つまり，気体の分子は温度が高いほど激しく分子運動をしている。また，気体の圧力は分子が運動して壁面に衝突するとき，壁面に与える力の集積である。このような気体分子の巨視的な物理量の関係は，前節で見たように気体の状態方程式で表されるが，これを分子運動論によって解釈してみたらどのようになるであろうか。図 5-3 を見てみよう。状態方程式によれば気体の圧力は絶対温度に比例するが，このことは気体の分子運動が，温度が高くなるほど激しくなる

＊1　(5-1) 式を満足する仮想的な気体は**理想気体**と呼ばれる。

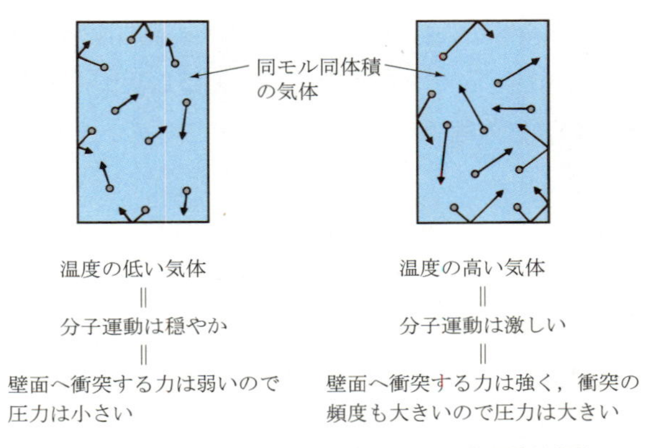

図 5-3　気体の圧力と温度の関係の分子運動論的解釈

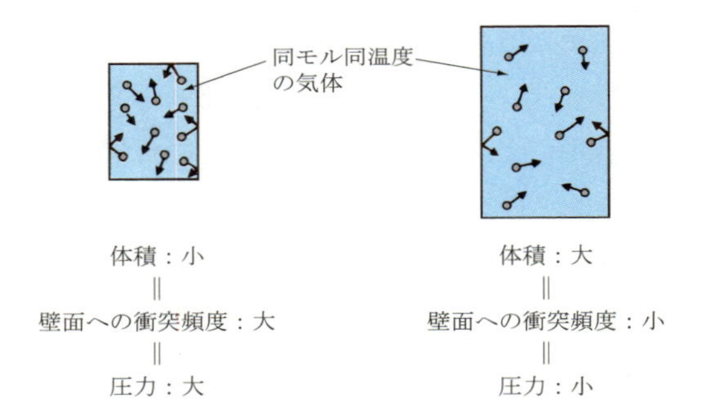

図 5-4　気体の圧力と体積の関係の分子運動論的解釈

ということで理解できる。また，気体の圧力が体積に反比例することも，図 5-4 のように分子運動論で解釈できる。すなわち，温度が一定で気体分子の動きは変わらなくても，体積が，たとえば 2 倍になれば壁面への衝突の頻度は 1/2 になるので圧力は 1/2 になる。

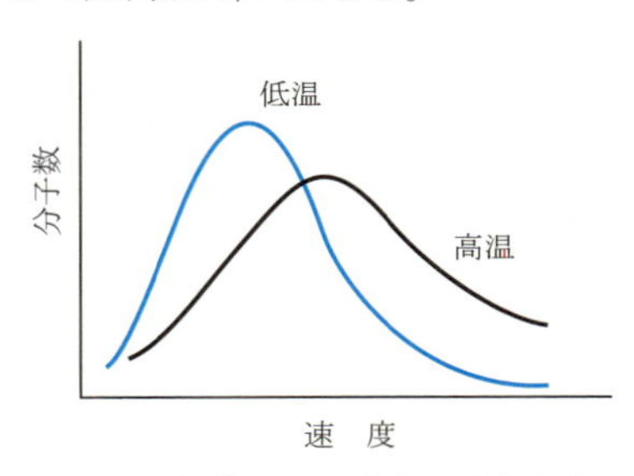

図 5-5　気体の分子運動の速度分布

気体の分子１個１個の運動の速度は一定ではなく，速いものから遅いものまで，図 5-5 のように分布している。温度の高い方がその分布は右に片寄っており，速度の速い分子が多いことを示している*1。

5-3　液　　体

5-3-1　蒸　　発

気体の分子はいろいろな速度で運動していることがわかった。液体の場合も同様であるが（図 5-6(a)），液体では分子と分子の間にいくぶん引き合う力が働いている。これらの分子のうちで大きい運動エネルギーを持っている分子が，他の分子と引き合う力を振り切って空中へ飛びだすのが**蒸発**である。高温の液体の方が蒸発が起こりやすいのは，大きな運動エネルギーをもっている分子の数が多いからである（図 5-6(b)）。

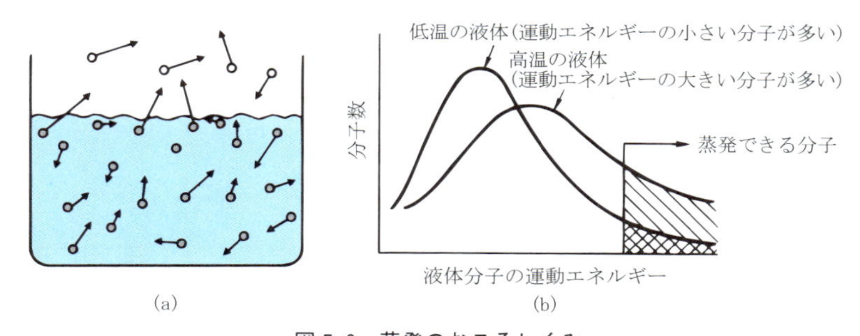

図 5-6　蒸発のおこるしくみ

液体に花粉などの軽い微粒子を浮かべると**ブラウン運動**という不規則な運動をする。これは分子運動をしている液体の分子が，さまざまな方向からぶつかって，その微粒子を動かしているからである。この現象は分子運動の１つの証拠である。

液体は蒸発する時にまわりから蒸発熱（気化熱）を奪う。つまり，液体の一部が蒸発すると残った液体の温度が下がる。このことを微視的に考えればどうなるであろうか。先にも述べたように，蒸発とは大きな運動エネ

＊1　気体分子の運動の速度は気体の分子量によって異なる。25℃での水素分子，窒素分子の平均速度はそれぞれ，1930 m / 秒，515 m / 秒である。

ルギーを持った分子が空中に飛び出すことである。したがって，蒸発が起これば，そのぶん液体中には小さい運動エネルギーの分子しか残らないことになる。そのため，残りの液体の温度が下がると考えることができる。

5-3-2 蒸気圧と相平衡

図 5-7 のように密閉した容器内に水の入ったビーカーを置いておくと，水は蒸発していき，その量はしだいに減っていくが，しばらくすると，もはや蒸発しなくなる。これは，単位時間あたりの蒸発する水分子の数と，水蒸気から液体の水に戻る分子の数が等しくなり，みかけ上，変化のない状態（**平衡状態**）に達したからである。このような平衡状態を液相－気相の**相平衡**（そう）の状態といい，この現象は水に限らずどんな液体についても起こる。相平衡の状態に達したとき，気相にある蒸気が示す圧力は**飽和蒸気圧**（あるいは単に蒸気圧）といわれ，その大きさは温度に依存している。つまり，ある温度のときの飽和蒸気圧の値はある一定の値であり，温度を高くすれば，高い蒸気圧のところで平衡となる。温度と飽和蒸気圧との関係を示したのが**飽和蒸気圧曲線**（図 5-8）である。

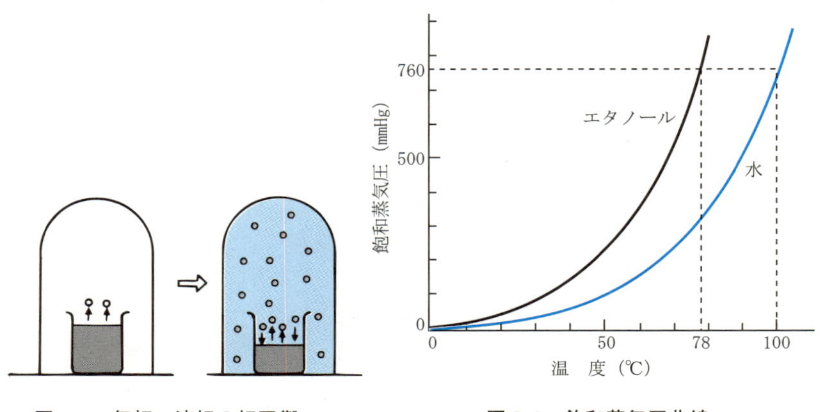

図 5-7　気相－液相の相平衡

図 5-8　飽和蒸気圧曲線

5-3-3 沸　　騰

液体は，沸騰点以下でもその表面からの蒸発は起こるが，飽和蒸気圧が外圧と等しくなった温度では，液体内部にその液体の蒸気の泡ができて激

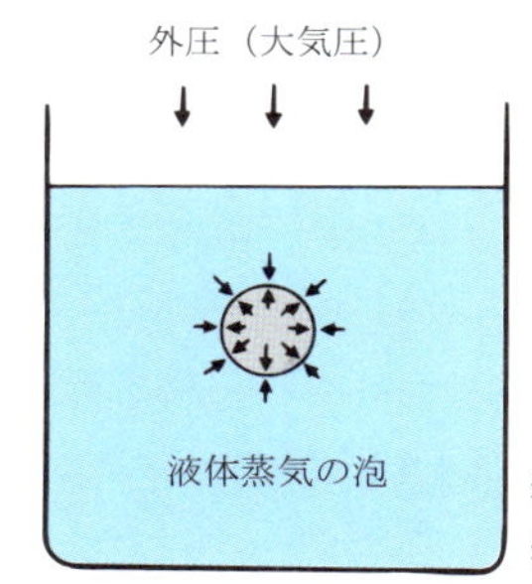

泡内の蒸気圧＜外圧 → 泡は押しつぶされる(蒸気の泡はできない)
泡内の蒸気圧＝外圧 → 泡は押しつぶされることなく沸騰

図 5-9　沸騰の起こるしくみ

しく蒸発する。これが**沸騰**という現象である。このような泡の内部の圧力は，その液体の，その温度での飽和蒸気圧に等しい。もし温度が低くて泡内の蒸気圧が外圧より小さければ，泡は押しつぶされ消滅してしまうが，温度が上がってその圧力が外圧と等しくなったとき，泡はどんどん大きくなって沸騰が起こるのである。

したがって，外圧が低くなればなるほど，液体の飽和蒸気圧の低い低温でも沸騰が起こるようになる。この原理に基づき，物質の蒸留を低い圧力のもと，低温で行うことができる。これは減圧蒸留といわれ，高温だと分解してしまう物質を蒸留するときに使われる。逆に，外圧が 1 気圧より高い場合の沸点は，1 気圧のもとでの沸点より高くなる。圧力鍋は，水蒸気によって中の圧力を 1 気圧より高くし，水の沸点の 100℃より高い温度で煮炊きすることができるようにしたものである。

5-4 固　　体

固体は，その構成粒子が，規則正しく並んだもの（**結晶**）と，そうでないもの（**非晶質**または**無定形固体**）に分類できる。結晶は，定まった融点を示すが，非晶質は一定の融点を持たず，温度を上げると連続的に液体に変わる。狭義の「固体」は，結晶性のものをさし，ガラスのような非晶質の固体は「液体」とみなされることもある。事実，ヨーロッパの教会に見られる古いステンドグラスの中には，ガラスが長い年月で流動して，下にいくほどふくれているものがある。

結晶はその構成粒子がどのような結合で結びついているかにより，**共有結合結晶**，**イオン結晶**，**金属結晶**，**分子結晶**に分類される。炭素原子のみからなるダイヤモンドは，共有結合結晶の代表例であり，炭素原子が図5-10のように共有結合により限りなくつながって規則正しく並んでいる。また，イオン結晶や金属結晶は第2章で触れたようにそれぞれ，構成粒子が整然と並んで結晶を作っている（図2-1，図2-3，図2-4参照）。

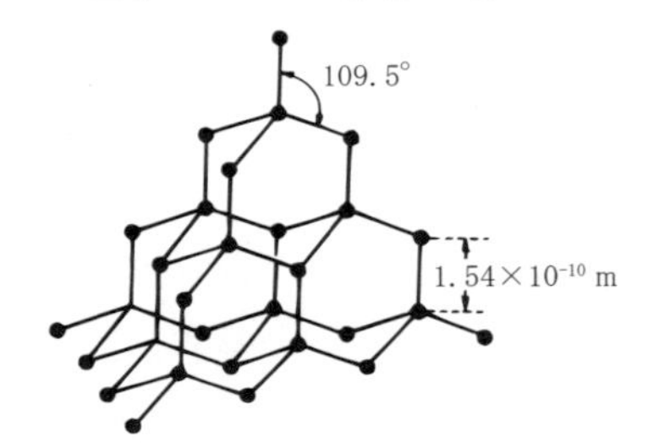

ダイヤモンドを構成している炭素原子（●）は，正四面体の中心と頂点に位置して立体的につらなっている。

図5-10　共有結合結晶－ダイヤモンド

分子結晶の場合は，その構成粒子である分子が，分子間に働く力によって結合している。防虫剤に使われているナフタレンやショウノウの分子がバラバラにならずに集合しているのは，分子間に**ファン・デル・ワールス力**という分子間力が働いているからである。このような力は，共有結合やイオン結合と比べるとかなり弱い力である。そのため，比較的小さな熱エネルギーで分子はバラバラになって気体状態になりうる。

結晶は，それを構成する粒子が数個集まって（1個だけの場合もある），ある特有の配列をもった小集団を作り，これが三次元的に規則正しく並んだものである。このような結晶構造の最小の構成単位である点の配列を**単位格子**という。図5-11に平行六面体の単位格子が並んでいる様子を示した。この平行六面体の頂点は格子点と呼ばれ，結晶はこの格子点が三次元的に

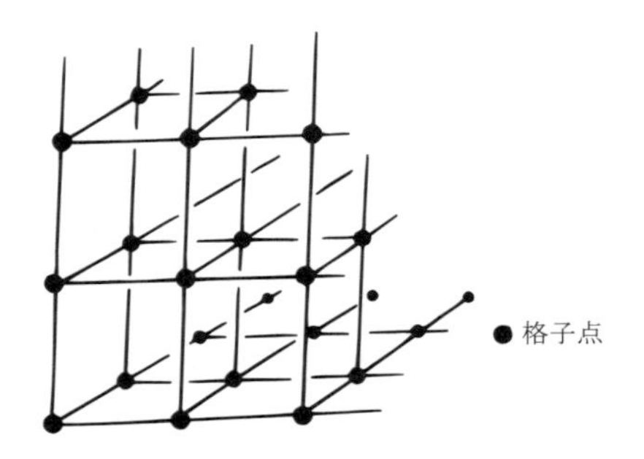

図5-11　結晶格子

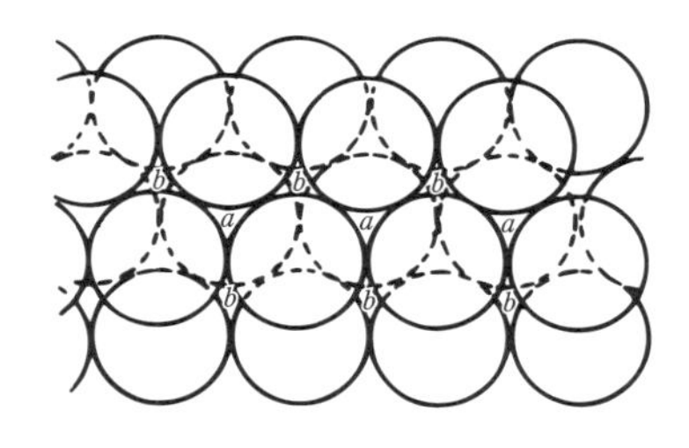

図 5-12　球の最密充填

格子構造をつくっているとみなすことができる。これを**結晶格子**という。

では，粒子が規則正しく並ぶにはどのような配列のしかたがあるだろうか。ビー玉のような同じ大きさの球を積み重ねて箱に詰めていくときのように，球をできるだけ密に詰める場合を考えてみよう。図 5-12 に示したように第二層の球は第一層の各球のくぼみにおさまるだろう。さらに球をのせて第三層を作るには，第一層の球の真上にあるくぼみ (a) に置くか，別のくぼみ (b) に置くかで置き方が 2 通りある。前者の置き方でできたものは**六方最密充填**（ろっぽうさいみつじゅうてん）**構造**といわれ，その単位格子（**六方最密格子**）は図 5-13(a) のようになる。後者の置き方でできたものは**立方最密充填構造**といわれ，その単位格子は，各球が立方体の頂点および各面の中心に位置しているので**面心立方格子**といわれる。図 5-12 のように積み上げた構造とそれを少し回転したものを図 5-13(b) に示した。最密充填構造ではないが図 5-13(c) のような**体心立方格子**もよくみられる粒子配列である。結晶は，

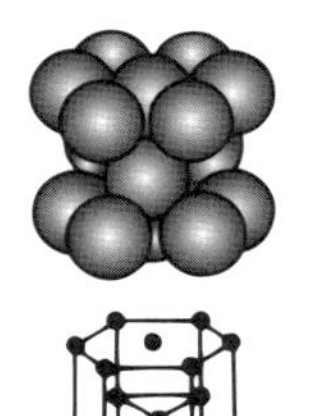
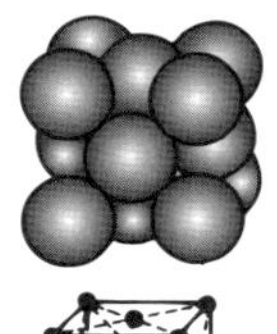
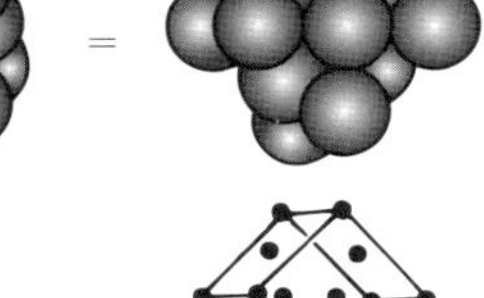
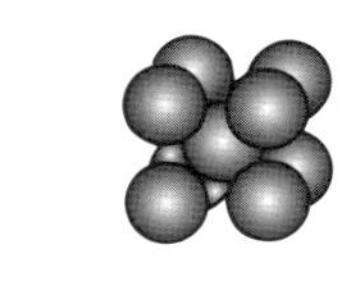

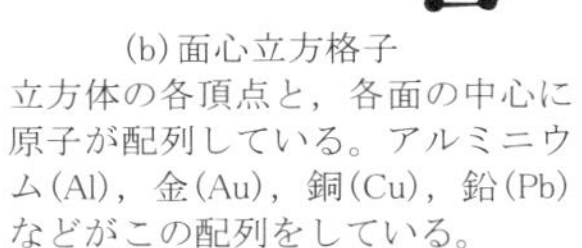

(a) 六方最密格子
格子の形は六角柱。各頂点と底面の中心，および格子内部の 3 点に原子が位置している。マグネシウム (Mg) や亜鉛 (Zn) などがこの配列をしている。

(b) 面心立方格子
立方体の各頂点と，各面の中心に原子が配列している。アルミニウム (Al)，金 (Au)，銅 (Cu)，鉛 (Pb) などがこの配列をしている。

(c) 体心立方格子
立方体の各頂点と立方体の中心に原子が位置している。リチウム (Li)，ナトリウム (Na)，カリウム (K)，鉄 (Fe) などがこの配列をしている。

図 5-13　いろいろな結晶格子

これらの単位格子がいくつも積み重なってできている。

陽イオンの粒子と陰イオンの粒子が交互に並んでいるイオン結晶は，外部から力が加わって粒子の配列が少しでもずれると，互いに反発しあう同符号の粒子が並んでしまうことになり結晶は破壊される（図 5-14）。イオン結晶が衝撃に弱いのはこのためである。それに対して金属結晶は，粒子がずれても，自由電子による金属原子間の結合に変化はないので，割れたり裂けたりしにくい。このため，金属は延びたり拡がって薄い箔になりやすい性質（**延性・展性**）を持つ。

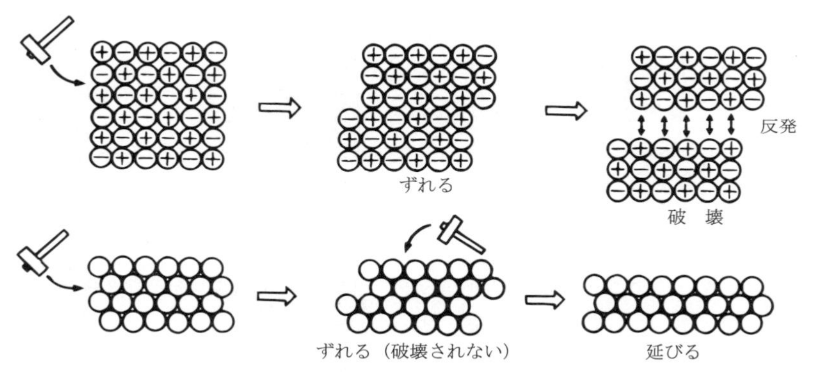

図 5-14　イオン結晶（上）と金属結晶（下）に外部から力を加えた場合の模式図

結晶構造解析

結晶にX線をあてることによって，物質の結晶構造を解析することができる。これを**X線回折法**（かいせつ）という。結晶は，その構成粒子が三次元的に規則正しく並んだものであるが，粒子が二次元的に並んでできた面がいくつも積み重なっているとみなすこともできる。結晶にX線が入射すると，図 5-15 のように，結晶内の面で反射されたX線が出てくる。そこから得られる情報から結晶の構造がわかる。結晶を構成する粒子（○）の作る面が積

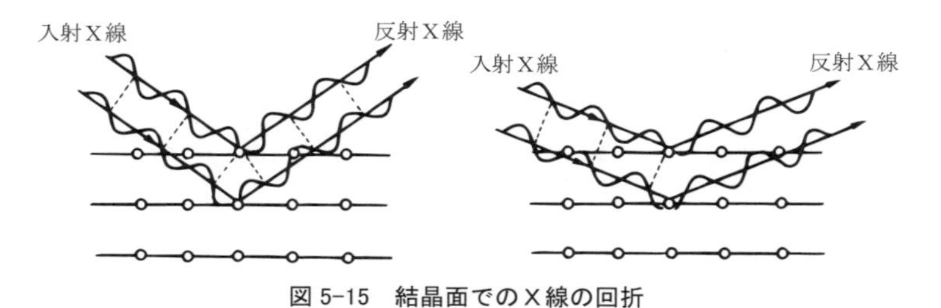

図 5-15　結晶面でのX線の回折

み重なっている様子を断面図で示している。左の図は，第1層と第2層で反射したX線の波が揃い，反射X線が強められる場合であり，右の図は，反射X線の波が揃わず，X線が弱められる場合である。

液　晶

固体は，粒子が規則正しく並んでその位置を変えない状態で，そのために流動性はない。液体は，粒子が不規則な状態で集まっており，その位置を自由に変えられるため流動性がある。その中間の状態，すなわち，粒子が規則正しく並んではいるが，その位置を変えることができ流動性をもつ状態が液晶である。液晶画面は，電気信号によって液晶分子の向きを変え，ブラインドの開閉のようにバックライトを透過させたり遮ったりすることで，画面に映像を映し出している。

5-5　溶　　液

水と油は混じりあわない，言いかえると水は油に溶けない。また，食塩は水には溶けるが油には溶けない。なぜだろうか。また，溶解とはどういう現象なのだろうか。第3章で触れたように，食塩を作っている Na^+ と Cl^- は，一粒一粒バラバラに存在するより，イオン結合によってつながって結晶を形成する方が安定である。ところが，その食塩の結晶を水に入れると自然に Na^+ と Cl^- はバラバラになって水の中に溶けて行く。なぜそのようなことが起こるのだろうか。それは，Na^+ と Cl^- は，水の中では集まって存在しているよりも，バラバラになって水分子に取り囲まれた状態でいる方がもっと安定だからである。なぜイオンは水分子に取り囲まれると安定になるのだろうか。このことを考えるためには，まず，水分子の極性ということを知らなければならない。

5-5-1　分子の極性

水分子は図5-16のような形をしている。第4章で見たように，この形は水素原子と酸素原子の原子核のまわりを雲のようにおおっている電子雲の形である。水分子は分子全体では電気的に中性であるが，酸素原子のほうが水素原子より電子を引きつける度合いが大きいので，電子雲の密度は酸素原子付近の方が高い。したがって，水分子は酸素のあたりが少し負の電気を帯びており，そのぶん逆に水素原子の周辺はいくぶん正の電気を帯びている。そのことを「少しだけ」という意味をもつギリシア文字δ（デルタ）を使って図 5-16 のように表す。このような原子間結合や分子内に電気的な片寄りがあるとき，**極性**を持つという。

図 5-16　水分子および塩化水素分子の極性

水分子が極性を有するのは，電子を引きつける度合いの異なる 2 種類の原子で構成されているからである。原子が電子を引きつける度合いのことをその原子の**電気陰性度**という。表 5-1 に，周期表と同様に並べた各原子の電気陰性度を示したが，表の右の方，また上の方の原子ほど大きいことがわかる。つまりフッ素原子（F）が最も電子を引きつけやすい性質を持っている。電気陰性度の差の大きい原子どうしが結合すると，その結合の電気的な片寄りは大きくなる。したがって，HCl や HF は**極性分子**である（図 5-16）。ただし，分子の極性には結合の方向も大きな要因になる。たとえば，二酸化炭素（O＝C＝O）は＋と－の片寄りの大きな C＝O 結合を含んでいるが，２本の C＝O の極性の方向が直線的で逆方向であるので，互いに打ち消しあい，分子全体の極性はない（**無極性**）。それに対し，水分子は 2 本の H－O 結合が折れ曲がっているので極性を持つ。

表 5-1　電気陰性度

H 2.1						
Li 1.0	Be 1.5	B 2.0	C 2.5	N 3.0	O 3.5	F 4.0
Na 0.9	Mg 1.2	Al 1.5	Si 1.8	P 2.1	S 2.5	Cl 3.0
K 0.8	Ca 1.0	Ga 1.6	Ge 1.8	As 2.0	Se 2.4	Br 2.8

双極子モーメント

ある距離をおいて存在する，大きさの等しい正負の電荷の対を**双極子**という。電気陰性度の違う原子どうしの結合は，双極子とみなすことができる。$+q$ という大きさの電荷と，$-q$ という大きさの電荷が，距離 r だけ離れてあるとき，$\mu = qr$ で表される μ を**双極子モーメント**という。μ は力学的な力と同様，方向と量をあわせ持つベクトル量であるので矢印で表す。図 5-17 のように複数の双極子が分子内にあるとき，分子全体の双極子モーメントはベクトルの合成によって求めることができる。先に述べた，水分子が極性であるのに対して二酸化炭素分子が無極性であるということは，双極子モーメントの合成からもわかる。

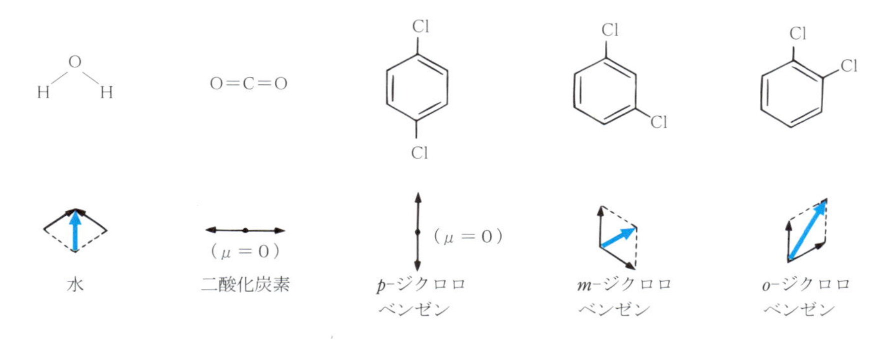

図 5-17　水，二酸化炭素，ジクロロベンゼン分子の双極子モーメント（青矢印で示した）

5-5-2　溶解とはどういう現象か

今まで述べたことを踏まえて溶解現象について考えてみよう。溶解現象の代表的な例として，食塩が水に溶ける様子を微視的に眺めてみることにしよう。食塩の結晶を水に入れると図 5-18 のような仕組みで溶解が起こる。食塩が水に溶けることができるのは，水分子が，バラバラになったイオンをそのイオンとは異符号に電気を帯びた部分で取り囲み，安定化するからである。このような現象を**水和**（すいわ）[*1] という。溶解が進み，溶け出たイオンが増えると水中から結晶へ戻るイオンも増えてくる。そして，やがて溶け出ていくイオンの数と戻ってくるイオンの数とが等しくなり，外見上

＊1　物質が溶解するときには，溶質の粒子は溶媒に取り囲まれた状態で溶液中に均一に散らばる。このような現象を一般に**溶媒和**といい，溶媒が水であるとき，特に水和という。

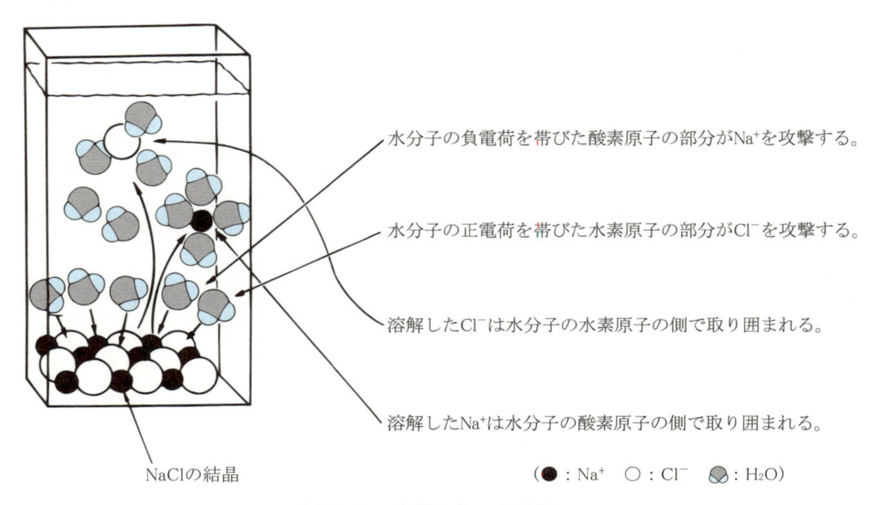

図 5-18　食塩の水への溶解

もう食塩は溶けなくなる。このような状態を**溶解平衡**という。溶解平衡に達した溶液を飽和溶液という。

水和はイオンに対してだけではなく極性分子に対しても起こる。つまり，水に溶解することのできるものは，水分子に取り囲まれて水和され得る，極性の高い分子であるといえる。たとえば，エタノール（CH_3CH_2OH，図5-19(a)）は，分子内に極性の高い官能基であるヒドロキシ基を持ち，水と同様に極性分子であるので，水と任意の割合で混ざる。これは，互いの分子の異符号の電荷が，静電的にひきあうためである（図 5-20）。また，ショ糖（いわゆるグラニュー糖の成分名）の分子もヒドロキシ基を多く持っているので水によく溶ける。それに対し，1-ブタノール（$CH_3(CH_2)_3OH$，図5-19(b)）は，ヒドロキシ基を持っているのに 100 mL の水に約 9 mL しか溶

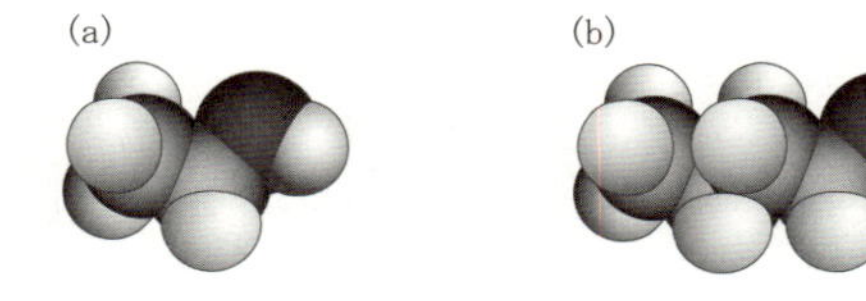

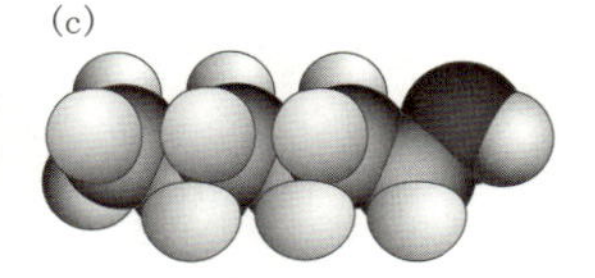

図 5-19　(a) エタノール，　(b) 1-ブタノール，　(c) 1-ヘキサノール
極性の低い炭化水素部分の大きさを比べよう。

解しない。これは，1-ブタノールは極性の低い炭化水素部分が大きいためである。1-ヘキサノール（$CH_3(CH_2)_5OH$，図 5-19(c)）など，炭素数のさらに多いアルコールの水への溶解性はさらに低くなる。炭化水素基が極性の低い部分であることは，界面活性剤のところでも学ぶ（9-1 節，p.125 参照）。

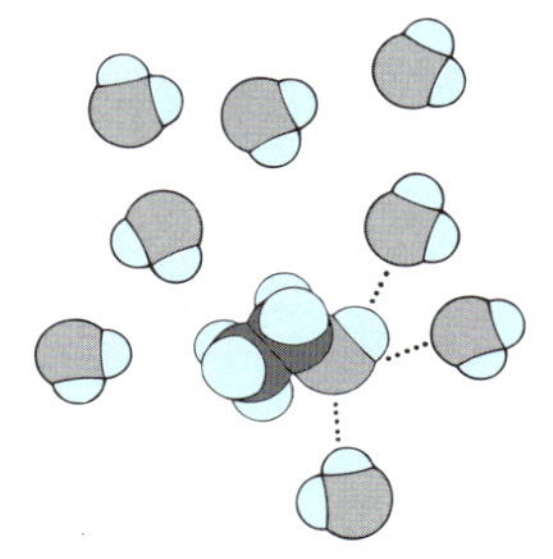

図 5-20　エタノールの水への溶解

さらに，油脂はその分子の大部分が極性の低い炭化水素の骨格より成り，石油は炭化水素そのものである。したがって，これらいわゆる油類は，水分子による水和を受けることができず，水には溶けない。

一般に，極性の低い分子は，石油や油脂などの極性の低い溶媒に溶解し（**親油性**であるという），水のような極性の高い溶媒には溶解しない（**疎水性**であるという）。一方，極性分子や分子内の極性部分は水となじみやすい（**親水性**）。なお，極性は，連続的・相対的な性質であり，それぞれの分子が，極性分子と無極性分子の 2 種類に分類されるというわけではない。

5-5-3 水素結合

水分子における水素原子（H）のように，電気陰性度の大きい原子（水分子の場合は酸素原子）に結合している H はいくぶん正の電気を帯びているため，別の電気陰性度の大きい O，N，F，S，Cl などの，いくぶん負の電気を帯びた原子と静電的に引き合って弱い結合を作る。このような，2 原子間に水素原子が入ってできる弱い結合は**水素結合**といわれる。その結合エネルギーは，10 ～ 30 kJ/mol 程度で共有結合（400 kJ/mol 程度，表 3-1，p.42 参照）に比べてずっと小さい。

物質の融点（凝固点）や沸点は一般に，分子量が大きいほど高いが，水

水素結合の働き

塵も積もれば山となるのたとえがあるように，小さな水素結合のエネルギーも数が多くなると馬鹿にならない。DNA の二重らせん構造（10-3-1 節，p.154 参照）をはじめとして，生命体に重要な化合物の立体構造はほとんど水素結合によって決められている。ウイスキーやブドウ酒を寝かせておくのも，水とエタノールの間の水素結合が均等になるように時間をかけているのであり，これによって味にまろやかさが出てくるといわれている。

は，その分子量から予測されるよりずっと高い融点や沸点を持っている。これは水分子どうしが水素結合によって結びついており（図 5-21），この水分子間の結合をふりきって氷が液体の水になったり，水が水蒸気になったりするためには大きなエネルギーがいるからである。これに対し，水と同程度の分子量を持つメタンやアンモニア，窒素，酸素は常温で気体である。また，酢酸は図 5-22 のように水素結合により 2 分子が会合している。

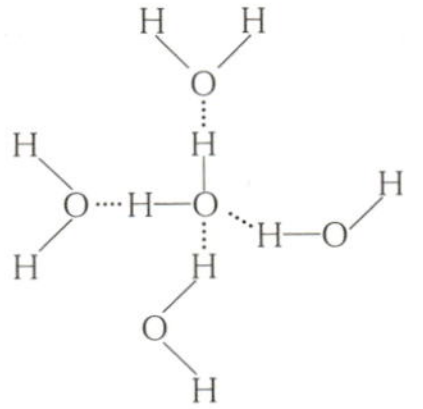

ふつう，水素結合は・・・で表す。

図 5-21　水分子間の水素結合

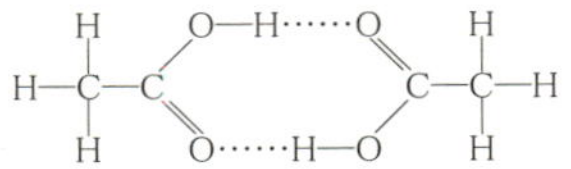

図 5-22　水素結合で結びついた酢酸の二量体

地球と水

水は 1 気圧のもとでは 0℃から 100℃の間でのみ液体として存在することができる。この温度範囲は，零下 273℃という極低温から数万度という高温すらごく普通に存在する宇宙を考えればかなり狭いものである。地球上のほとんどの地域で水が液体として存在しているのは，地球が全く偶然に，太陽からほどよい距離にあるためである。あらゆる生命体は液体の水がなければ生きていけないということを考えるとき，このことは私たち人類を含めたすべての地球上の生命にとって，きわめて得難い幸運であったといえる。

5-5-4　溶液の凝固点と沸点

純粋な水は 0℃で凍り，100℃で沸騰するが，海水の凝固点は－1.95℃で，沸点は 100.58℃である。つまり，純粋の液体に不純物が混ざると**凝固点降下**や**沸点上昇**が見られる。このような現象がなぜ起こるかを考えてみよう。

先にも述べたように，液体の沸点とは液体の飽和蒸気圧が大気圧と同じになる温度である。溶液の沸点が純粋な液体に比べて低いのは，飽和蒸気圧が，溶質が存在するために下がる（**蒸気圧降下**）からである。では，溶液の蒸気圧が純粋な液体の蒸気圧より低いのはなぜであろうか，微視的な観点から考えてみよう。蒸発は液体の表面から起こる現象である。純粋な液体の表面はその物質の粒子だけが並んでいるが，溶液の場合，表面には溶媒の粒子と溶質の粒子が並ぶことになる（図 5-23）。すると液面の一部が溶質でおおわれているぶん，溶媒の蒸発が妨げられるので，同じ温度での溶液の飽和蒸気圧は，純粋な溶媒のそれより低くなる。したがって，図 5-24 に見られるように，溶液の飽和蒸気圧が大気圧と等しくなる温度はより高くなり，沸点が上昇する。溶液の凝固点が純粋な溶媒に比べて下がる凝固点降下も，上で述べた蒸気圧降下のため起こる現象である。

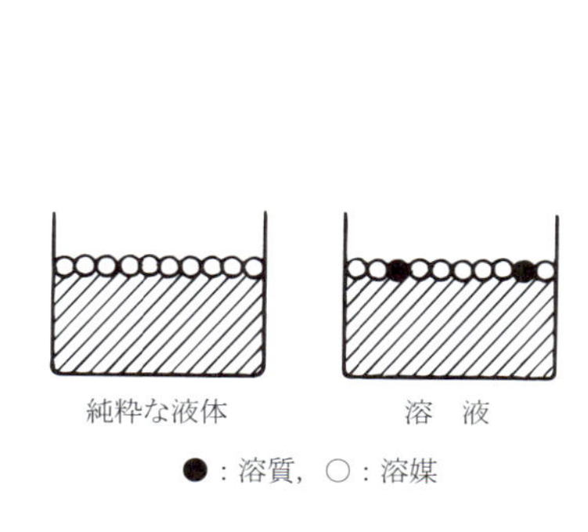

図 5-23　溶液の蒸気圧降下の原因

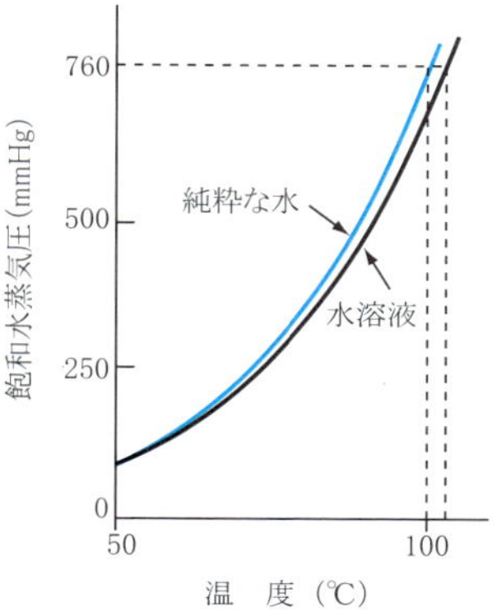

図 5-24　飽和蒸気圧曲線

次に，溶液の蒸気圧が純粋な溶媒に比べてどの程度小さくなるかを考えてみよう。これは，液面がどれだけ溶質の粒子でおおわれているか，つまり，溶液中における溶媒と溶質の物質量の割合（全体の物質量を 1 としたモル分率で表わす）によって決まり，溶質の種類には無関係である。つまり，「溶液の蒸気圧は溶媒のモル分率に比例する」。このことを式で示すと (5-3) 式のようになる。

$$P_{\mathrm{A}} = x_{\mathrm{A}} P^*_{\mathrm{A}} \qquad (5\text{-}3)$$

P_{A}：溶液の蒸気圧　　P^*_{A}：純粋な溶媒 A の蒸気圧

x_{A}：溶媒 A のモル分率

また，溶質Bのモル分率を x_B とすると $x_A = 1 - x_B$ であるので (5-3) 式は (5-4) 式のようになる。

$$P^*_A - P_A = x_B P^*_A \qquad (5\text{-}4)$$

(5-4) 式は，「蒸気圧降下の度合いは溶質のモル分率に比例する」ということを表わしている。これらを**ラウルの法則**という。

溶質Bが気体の場合，溶液内のBと気相におけるBの蒸気圧との間にも同じような関係が成り立つ。すなわち，溶質の蒸気圧は溶質の溶液内におけるモル分率に比例する。これを**ヘンリーの法則**という。式で表わすと次のようになる。

$$P_B = kx_B \quad (P_B：溶質の蒸気圧，x_B：溶質のモル分率，k：比例定数)$$

ヘンリーの法則は「液体に溶けこむ気体の量はその圧力に比例する」と言いかえることができる。

以上述べたように，溶液における溶媒の蒸気圧降下という現象は，溶液の沸点の上昇をもたらすことがわかった。その度合いがどのくらいであるかは溶液の質量モル濃度（付録参照）と溶媒の種類で決まる。これを式で表わすと次のようになる。

$$\Delta T_b \quad = \quad K_b \quad \times \quad C \qquad (5\text{-}5)$$

（沸点上昇）（モル沸点上昇定数）（溶液の質量モル濃度）

また，溶液の凝固点降下も同じような形で表わされる。

$$\Delta T_f \quad = \quad K_f \quad \times \quad C \qquad (5\text{-}6)$$

（凝固点降下）（モル凝固点降下定数）（溶液の質量モル濃度）

ここで，K_b や K_f は溶媒によって特有の定数である。たとえば，水の場合，$K_b = 0.51$，$K_f = 1.86$ である。(5-5)，(5-6) 式からわかるように，沸点上昇，凝固点降下の度合いは存在する溶質の数のみに依存し溶質の種類によらない（束一的性質という）。つまり，溶液の沸点上昇を測定することによってその質量モル濃度がわかるので，溶質の質量がわかっていればその溶質の分子量を求めることができる。なお，これらの式は溶質が揮発性の場合には成り立たない。

■ 演習問題

1) ある気体 0.60 g は，123 ℃，740 mmHg で 340 mL を占めた。この気体は何 mol あるか。またこの気体の分子量を求めよ。

2) 次の物質の極性の大きさを推測せよ 。

CH_4，CCl_4，NH_3，H_2S，C_3H_8，HI，Cl_2，CH_3OH

3）　NH_3 は $\mu \neq 0$ であるが，BF_3 は $\mu = 0$ である。このことから，この2つの分子の立体構造を推測せよ。

6 化学反応はなぜ起こるか

私たちのまわりに存在している原子のほとんどは，バラバラに存在することはできず，何らかの方法で互いに結びつきあって，ある物質を作っている。これは，原子は互いに結びつきあうことによって，エネルギー的に安定化するためであるということを，第3章で学んだ。物質というのは，それを構成している原子がバラバラの状態にあるよりも，ずっと安定な状態にあるのである。では，物質というものが安定な形のものであるとすれば，それはもはや他のものに変化しないのだろうか。答はもちろん，否である。生命現象はじめ自然界に見られる多くの変化は，物質の変化，つまりある物質から他の物質への化学変化である。また，人類は地球上の資源を化学的に変化させることにより，自分たちに有用な物質を得ている。この章では，化学変化（化学反応）とは何か，そしてそれはなぜ起こるのか，またどのような仕組みで起こるのか，ということを考えていくことにする。

6-1　化学反応とは何か

身近にみられる化学反応の例として，実験室でよく使われるアルコールランプの燃焼を考えてみよう。アルコールランプに火をつけると，中に入っているエタノールは熱を発しながら燃え続け，やがて燃えつきてしまう。この過程を化学の言葉で表現すると，エタノール（C_2H_5OH）という化合物が空気中の酸素（O_2）と反応し，熱を発しながら二酸化炭素（CO_2）と水（H_2O）という化合物に変化して空気中に拡散した，ということになる。燃焼とは一般に，ある化合物（物質）と酸素との間の化学反応であり，エタノールの燃焼は次の化学反応式で表される。

$$C_2H_5OH \quad + \quad 3O_2 \quad \longrightarrow \quad 2CO_2 \quad + \quad 3H_2O \tag{6-1}$$

この過程を分子模型で示すと，次のようになる。

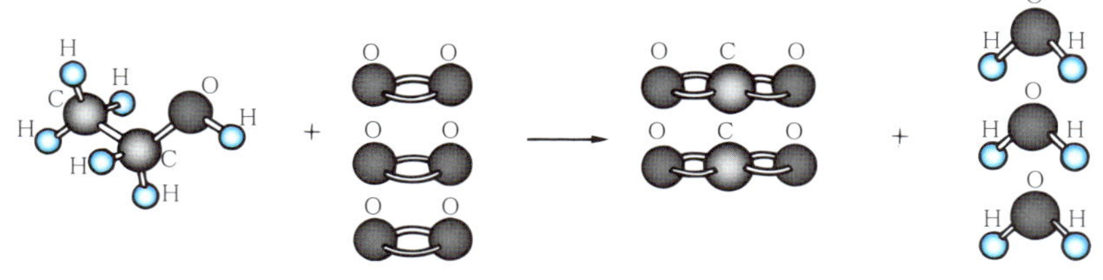

図 6-1　エタノールの燃焼反応

これをよく見ると，エタノール分子の中の炭素原子と水素原子の結合や炭素原子と酸素原子の結合などの原子間結合が，この化学反応によって生じた二酸化炭素分子と水分子の中では違った原子間結合に変化していることがわかる。初めの分子の中にあった原子間結合が切れて，別の新しい原子間結合ができたのである。もちろん，反応の前後で原子の種類と数は同じである。このように，**化学反応**とは，原子間の結合の組み換え（切断と生成）であるといえる。また，燃焼反応は初めに火をつけないと始まらないが，いったん反応が始まったらあとは熱を出して燃え続ける，ということに注意しよう。燃焼に限らず，化学反応は必ず熱の出入りを伴う。この熱の出入りという表現は，より一般的にはエネルギーの出入りと言い換えられる。

化学変化と物理変化

さて，化学反応とは，分子などの中の，原子間の結合の組み換えであり，このとき必ずエネルギーの出入りを伴う，ということがはっきりした。ここで，化学変化（化学反応）の概念をもう少しはっきりさせるため，水が凍る（凝固する）という変化について考えてみよう。この変化は，化学変化といえるだろうか。5-1 節（p.61）で見たように，液体の水を構成する水分子は互いに接してはいるが互いの位置を変えることができ，自由に動き回っている。一方，固体の「水」である氷は，いったんできあがった形を簡単には変えることができない。これは，氷を構成する水分子どうしが，水素結合という弱い結合で結びつきあって動けなくなっているからである。すなわち，水が凍るという巨視的な変化は，微視的に見れば，水分子どうしの間に弱い結合（水素結合）が生じることであるとみなすことができる[*1]。しかし，この変化は水分子間の「弱い」結合の変化にすぎず，水分子内の結合（水素原子－酸素原子間の結合）の変化ではない。つまり，分子じたいを観察した場合,「水」という物質は変化していない。したがって，水の凝固という現象は化学変化とはいわず，特に化学変化と対比して考えるときには**物理変化**という語を使う。

次に，ショ糖の，水への溶解という変化を微視的に見てみよう。5-5-2節（p.73）に示されているとおり，ショ糖が水に溶解するとき，結晶状態でのショ糖分子どうしの間の「弱い」結合が切れてなくなり，ショ糖分子と水分子の間に新しく「弱い」結合が生じる。これはきわめて弱い結合の変化であり，ショ糖分子内の原子と原子の結合の変化を伴っていない。つまりここでも，「分子」というものに着目すれば，ショ糖の分子と水の分子はどちらも変化していない。したがって，この過程は化学変化とはみなされない。これも，物理変化である。

以上の2つの例で見た変化は，いずれも分子間の「弱い」結合の変化であった。通常，このような変化は物理変化と表現される。これに対し化学変化とは，分子内の結合（＝「強い」結合）の変化をいうことが多い。

なお,ある変化を物理変化とみなすか化学変化とみなすかということは,あくまでも相対的なものであり，区別が明瞭でない場合もある。

6-2 化学反応の駆動力

化学反応とはどのようなものであるかは，だいたい理解できたと思う。次に考えなくてはならないことは，それではなぜ化学反応が起こるのか,という問題である。このことを,次の気相反応[*2]を例にして考えていこう。ここで取り上げる化学反応は，水素（H_2）とヨウ素（I_2）がヨウ化水素（HI）

＊1　液体の状態でも，水分子どうしの間には水素結合が形成されている。しかし，この結合は，液体状態では水分子の熱運動のため，絶えず生成と切断を繰り返していると考えられる。

＊2　**気相反応**とは，化学反応にあずかる物質がすべて気体である反応をいう。多くの化学反応は溶液中で起こる**液相反応**であるが，液相反応では反応中に溶媒の分子（水中の反応であれば水分子）の関与（溶媒和など）を考えねばならず，取り扱いが複雑である。それに対し，気相反応では直接反応する物質の振舞いだけを考慮すればよく，その取り扱いはずっと簡単になる。

に変化する反応で，次の化学反応式で表される。

$$H_2 + I_2 \longrightarrow 2HI \tag{6-2}$$

これを模式的に示すと，次のようになる。

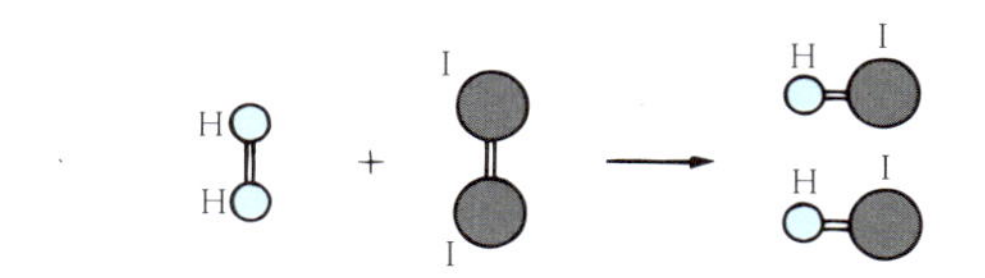

図 6-2　水素とヨウ素の反応

原子間結合の組み換えが起こっているのが見てとれるだろう。水素分子中の水素原子－水素原子間の結合（H-H），およびヨウ素分子中のヨウ素原子－ヨウ素原子間の結合（I-I）が切れて，最終的に水素原子とヨウ素原子の間に結合（H-I）ができている。それでは，なぜ初めの原子間結合が切れて新しい原子間結合ができるのだろうか。その駆動力は何だろう。

反応の初めの段階では，たくさんの水素分子（H_2）およびヨウ素分子（I_2）は，1つ1つが勝手な方向に，いろいろな速さで自由に飛び回っている。そうすると，そのうち互いに衝突する分子が出てくる。その衝突の強さや方向はさまざまであるが，たまたま水素分子とヨウ素分子が図 6-3(a) のように衝突したとすると，原子間結合が変化する可能性がある。この衝突の向きは，水素原子とヨウ素原子の間に新しく結合ができ得る方向だからである。これに対し，(b) のような衝突は，反応に関係がないと想像できる。

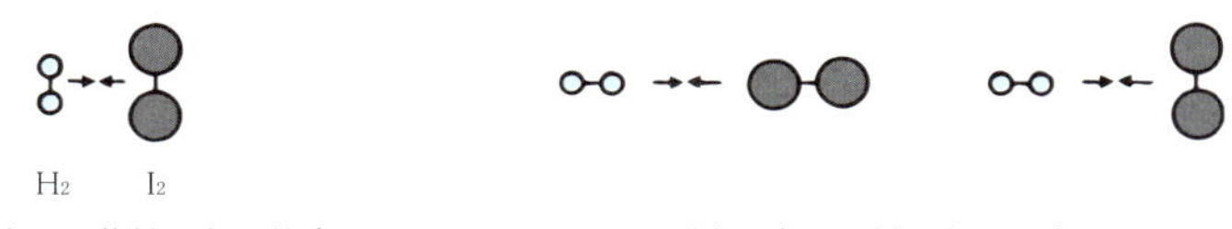

図 6-3　水素分子（H_2）とヨウ素分子（I_2）の衝突

もう少し詳しく見ていこう。この衝突によって原子間結合が変化するとすれば，水素原子－水素原子間の結合とヨウ素原子－ヨウ素原子間の結合が切れかかり，水素原子－ヨウ素原子間の結合ができかかっている状態（図6-4 のような状態）を必ず経由しなければならない。この状態は，原子がバラバラの状態に近いものであるから，水素分子やヨウ素分子と比べて不安定な状態，つまりエネルギーの高い状態である。つまり，この反応が起こるためには，水素分子とヨウ素分子が都合のよい向きに衝突するだけでなく，衝突したあとエネルギーの高い状態になっている必要がある。水素とヨウ素の反応では，このようなエネルギーの高い状態は，これらの分子の初めにもっていた運動エネルギーが，十分な「強さ」の衝突を引き起こすことによってもたらされる。すなわち，この場合，分子の運動エネルギーが反応の駆動力になっている*1。

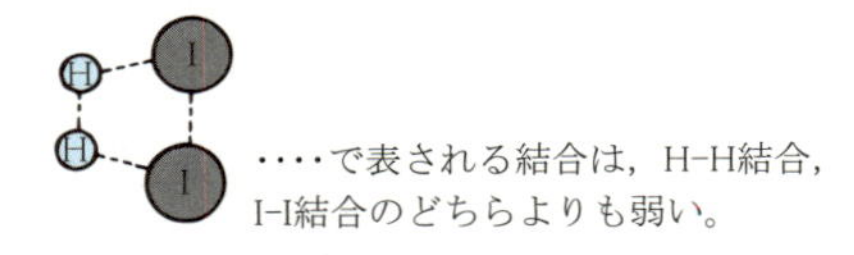

図 6–4　(6–2) 式の反応の活性錯合体

この考え方でいくと，「都合のよい向き」の十分に「強い」衝突の回数（起こる確率）を多くすれば，化学反応が速くなることがわかる。したがって，化学反応を速くするためには，このような衝突の回数を多くしてやればよいことがわかる。5-2-2 節 (p.63) に示されているように，気体状態にある分子の運動はすべて同じではなく，速いものもあれば遅いものもあって，温度を高くすればするほど速度の大きい分子の数は多くなる。したがって，外部から熱エネルギーを与えて系の温度を高くすれば，化学反応を起こすことのできる衝突，つまり「都合のよい向き」の十分に「強い」衝突がより頻繁に起こるようになり，化学反応の速度が大きくなる。化学反応を起こさせる際，加熱という操作をすることが多いが，これは以上のような理由による。前節で例にあげたエタノールの燃焼の場合もそうであった。こ

＊1　ただし，図 6-3 に示した衝突の向きはあくまで模式的なものであり、真の姿ではない。

のときは，初めに火をつけるという「加熱」操作を行わねばならない。

6-3　化学反応のエネルギー論

6-3-1　遷移状態と活性化エネルギー

ここで角度を変えて考えてみたい。いま見たように，化学反応を起こさせるには多くの場合，熱を必要とする。熱を必要とするということは，もっと一般的にいえば，何らかのエネルギーを必要とするということである。事実，熱エネルギーのかわりに電気エネルギーや光エネルギーを与えられて起こる反応もある。前者の例としては水などの電気分解を考えることができるし，植物の行う光合成は後者の一例である。とにかく化学反応とは，ある物質がある種のエネルギーを与えられて，いったんエネルギーの高い状態になってから進行するものであると解釈できる。このエネルギーの高い状態を**遷移状態**（せんい）といい，遷移状態にあるものを**活性錯合体**（さくごう）という。(6-2) 式の反応では，図 6-4 のようなものがこれに相当する。

図 6-5 は，(6-2) 式の反応の進行に伴って，エネルギーがどう変化していくかを示したものである。反応する前の水素 (H_2) とヨウ素 (I_2) の状態を**原系**（げんけい），反応によってヨウ化水素 (HI) になった状態を**生成系**という。この図の横軸の矢印は，反応が左から右に進行することを表している。図の縦軸は，反応にあずかる分子（または原子，イオンなど）のエネルギーの高さを表す。図 6-5 を見ると，この化学反応が起こるためには最低限，原系と遷移状態のエネルギーの差に相当するエネルギー（図 6-5 の A）が必要であることがわかる。このエネルギー，つまり反応を起こすのに外部から与えなければならない最低限のエネルギーを**活性化エネルギー**[*1]という。原系にある分子は，活性化エネルギーに相当するエネルギーを与えられて初めて，遷移状態の「山」を越えることができ，化学反応を起こすのである。(6-2) 式の反応では，活性化エネルギーは熱エネルギーなどの形で与えられる。前節で系の温度を高くすれば反応の速度が増大することを

---

*1　活性化エネルギーはふつう，1 mol (6.0×10^{23} 個) の分子やイオンなどが反応するのに最低限必要なエネルギーの大きさとして表す。したがって，活性化エネルギーの単位は kJ/mol や kcal/mol のように，エネルギー /mol の次元をもつ。

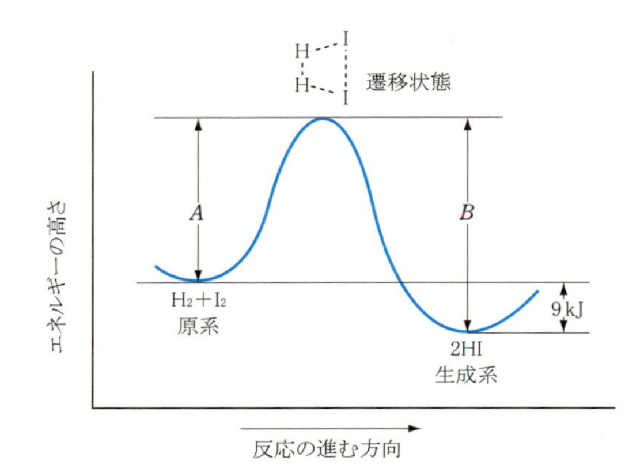

反応は，原系にある化学種（分子など）が，高いエネルギーを持つ活性錯合体になることによって進行する。活性錯合体の状態を遷移状態という。原系から遷移状態に至るのに要するエネルギー（図の A）が活性化エネルギーである。

図 6-5　水素とヨウ素の反応（6-2 式）のエネルギー図

知ったが，図 6-5 によれば，これは外部からより多くの熱エネルギーを与えることにより，遷移状態の「山」を越すことのできる分子の数が増えるためである，と解釈できる[*1]。

さて，いったん活性化エネルギーを与えられて遷移状態に到達した分子（このときは，活性錯合体になっている）は，自発的に生成物になることができる。なぜなら，遷移状態から生成系に至る過程はエネルギーの低い状態に向かう過程だからである。そしてこのとき，遷移状態と生成系のエネルギー差に相当するエネルギー（図 6-5 の B）を，今度は外部に何らかの形で放出することになる。図 6-5 より明らかなように，(6-2) 式の反応では，こうして放出するエネルギーは，初めに与えられる活性化エネルギーよりも大きい ($A < B$) ので，これを次の別の分子の反応の活性化エネルギーとして使うことができる。つまり，活性化エネルギーを最初に与えるだけで，あとは自発的に反応が進行する。燃焼という化学反応も，この場合と同様である。燃焼は，最初に火をつければ勝手に進んでいくことは誰

＊1　ここでの考え方は，**遷移状態理論（絶対反応速度論）**といわれる理論に基づいている。これは，化学反応を速度論的に解析するための理論の 1 つである。この理論に対し，6-2 節で述べたような「分子の衝突」という観点から反応速度を考えていく立場を，**衝突理論**という。

でも知っていることだろう[*1]。

6-3-2　発熱反応と吸熱反応

ここまで見てきた (6-2) 式の反応のように，与えられた活性化エネルギーよりも多くのエネルギーを放出する反応を**発熱反応**という。ここで，「発熱」というときの「熱」という語は，「エネルギー」という語と同義であり，熱のかわりに光エネルギーやその他の形でエネルギーを放出する反応についても「発熱」という語を使う。次に，(6-2) 式の逆反応について考えてみよう。初めにヨウ化水素だけがあるとき，反応は逆向きに進んで水素とヨウ素ができる。先の場合と逆に，この反応を起こすために外部から与えなければならない活性化エネルギーは図 6-5 の B であり，遷移状態を越えると図 6-5 の A に相当するエネルギーを放出して生成物（水素とヨウ素）を与える。つまりこの場合，遷移状態から生成系に至るときに放出するエネルギーは，活性化エネルギーより小さい。したがって，反応系の内部で活性化エネルギーを供給しきれないので，外部からエネルギーを吸収し続けない限り反応は止まってしまう。このような反応を，**吸熱反応**という。ある反応が発熱反応である場合，その逆反応は必然的に吸熱反応になる。

6-3-3　エンタルピー

化学反応における熱の出入りを表すのに，**エンタルピー** (H) とよばれる量を用いる。圧力一定のもとで物質がエネルギーをもらうと，その物質のエンタルピー H の値は増加し，逆に物質がエネルギーを失うと，その物質のエンタルピー H の値は減少する。圧力が一定のもとで行われる化学反応のエンタルピー変化は，**反応エンタルピー**と呼ばれ，ΔH (Δ はデルタと読む) で表す。ΔH は，反応物のエンタルピーの総和から，生成物のエンタルピーの総和を差し引くことで得られる。ここで，ΔH の符号には注意が必要である。発熱反応では物質がもつエネルギーが減少するので

*1　燃焼という化学反応は，放出するエネルギーが特に莫大なものであるということに注意。

反応エンタルピーの値は負（$\Delta H < 0$）となり，逆に，吸熱反応では物質がもつエネルギーが増加するので反応エンタルピーの値は正（$\Delta H > 0$）となる。

反応エンタルピーには，物質 1 mol が完全燃焼するときの**燃焼エンタルピー**，化合物 1 mol が成分元素の単体から生成するときの**生成エンタルピー**，物質 1 mol が多量の水に溶解するときの**溶解エンタルピー**，酸と塩基が中和して水 1 mol を生じるときの**中和エンタルピー**などがある。また，物質の状態変化に伴うエンタルピー変化として，**融解エンタルピー**，**蒸発エンタルピー**, **昇華エンタルピー**などがある。それぞれの「エンタルピー」という語を「熱」と読みかえれば，馴染みの深い言葉になるだろう。では次節で，実際の化学反応を例に取って見ていこう。

エンタルピーという量を用いると，身近に起こる熱の出入りを数値として評価できる。たとえば，使い捨てカイロの発熱や冷却パックの冷却などの熱の出入りも，エンタルピー変化の値を知ることで他の現象の熱の出入りと定量的に比較することができる。

6-3-4　熱化学方程式

水素（H_2）とヨウ素（I_2）からヨウ化水素（HI）ができる反応（6-2）式は発熱反応であった（p.87）が，この反応でどの程度の量のエネルギーが発生するのだろうか。図 6-5 には，原系（$H_2 + I_2$ の状態）と比べ，生成系（HI の状態）は HI 1mol 当たり 9 kJ 安定であることが示されている。このことは，1 mol ずつの水素とヨウ素から 2 mol のヨウ化水素ができるとき，原系から遷移状態に至るために吸収するエネルギーと，遷移状態から生成系に至る間に放出するエネルギーの差し引きとして，9 kJ のエネルギー（熱）が放出されることを表している。このエネルギー差をエンタルピー変化 ΔH で表せば，-9 kJ となる。発熱反応では原系と比べて生成系のエネルギーは減少しているので ΔH が負の値になることに注意しよう。

ここで見たように，発熱反応で生じるエネルギーの量（熱量）は，遷移状態の高さに関係なく，原系と生成系のエネルギー差だけで決まる。原系と生成系に存在する原子の種類と数が同じであるにもかかわらず，2 つの状態間でエネルギーの差があるのは，原子の結合状態が異なる（つまり，それぞれの分子の安定性が異なる）からである。したがって，ある反応で放出される（あるいは吸収される）熱量を測定すれば，原系の分子と生成系の分子の安定性の差を知ることができる。分子の安定性の差，すなわち化学反応に伴うエンタルピー変化は，ΔH を化学反応式に添えて表される。このような式を**熱化学方程式**[*1] という。(6-2) 式の反応の熱化学方程式は次のようになる。

$$H_2 \quad + \quad I_2 \quad \longrightarrow \quad 2HI \qquad \Delta H \quad = \quad -9\,\mathrm{kJ} \tag{6-3}$$

(6-2) 式の反応の逆反応は吸熱反応であった (p.87) が，その熱化学方程式は (6-4) 式のようになる。

$$2HI \quad \longrightarrow \quad H_2 \quad + \quad I_2 \qquad \Delta H \quad = \quad 9\,\mathrm{kJ} \tag{6-4}$$

(6-3) 式と (6-4) 式の ΔH を比べると，絶対値が同じで符号が逆になっている。

ヘスの法則

ここで，一酸化炭素 (CO) の生成エンタルピーを求めてみよう。一酸化炭素 (CO) の生成エンタルピーは，炭素 (C)（固体）が酸化されて一酸化炭素 (CO)（気体）を生ずる反応の反応エンタルピーに相当する。炭素の酸化は，ふつう一酸化炭素の段階で止めることはできないので，この値は実験的に直接求めることはできない。そこでまず，炭素の燃焼反応の熱化学方程式 (6-5) を考える。

$$\mathrm{C（固体）} \; + \; O_2\mathrm{（気体）} \; \longrightarrow \; CO_2\mathrm{（気体）} \quad \Delta H \; = \; -394\,\mathrm{kJ} \tag{6-5}$$

この式は，炭素 (C)（固体）と酸素 (O_2)（気体）が 1 mol ずつある状態のエンタルピーより，二酸化炭素 (CO_2)（気体）1 mol のエンタルピーが 394 kJ 小さいことを表している。炭素 1 mol が燃焼して二酸化炭素 1 mol が生成すると，エンタルピーは 394 kJ 減少し，その減少ぶんに相当するエネルギーが熱として放出されるのである。このときのエンタルピー変化，すなわち燃焼エンタルピーは実験的に測定することができる。

同様に，一酸化炭素 (CO)（気体）の燃焼反応の燃焼エンタルピーも実験的に求めることができ，(6-6) 式のような熱化学方程式が書ける。

---

*1　熱化学方程式では，式どうしのたし算や引き算，および移項と類似の操作を行うことができる。この意味から「方程式」とよばれる。また，生成物質 1 mol 当たりの反応エンタルピーを示す時など，注目する物質の係数を 1 にするので，反応物質の係数が分数になることがある。

$$CO(気体) + 1/2O_2(気体) \longrightarrow CO_2(気体) \quad \Delta H = -283\ kJ \quad (6\text{-}6)$$

(6-5) 式と (6-6) 式を組み合わせると，(6-7) 式を誘導することができる。

$$C(固体) + O_2(気体) \rightarrow CO_2(気体) \quad \Delta H = -394\ kJ \quad (6\text{-}5)$$

$$-)\ CO(気体) + 1/2O_2(気体) \rightarrow CO_2(気体) \quad \Delta H = -283\ kJ \quad (6\text{-}6)$$

$$C(固体) + 1/2O_2(気体) \rightarrow CO(気体) \quad \Delta H = -111\ kJ \quad (6\text{-}7)$$

こうして，一酸化炭素の生成エンタルピーとして，－111 kJ という値を得ることができる。このことを図で表すと，図 6-6 のようになる。

この例のように，ある反応の反応エンタルピーを実験によって直接測定することができない場合，いくつかの別の反応で実測された反応エンタルピーを用いてその値を計算することができる。この方法が可能なのは，次の法則が成り立つからである。すなわち「化学変化に伴い出入りする熱量の総和は，その変化の初めの状態と終わりの状態だけで定まり，途中の変化には関係がない。」

この法則は，1840 年スイス生まれの化学者，ヘスによって見出されたので**ヘスの法則**の名で知られているが，これは「熱力学第一法則 = エネルギー保存の法則」の特別の場合であるとみなすことができる。

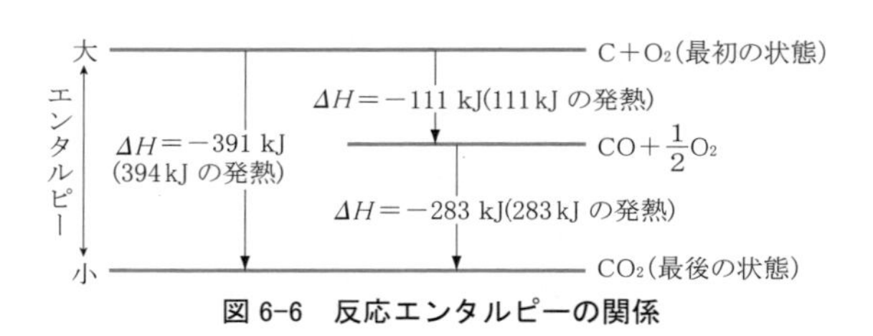

図 6-6　反応エンタルピーの関係

6-3-5　エントロピー

化学反応に限らず，ある状態から別の状態への変化が自発的に進行するかどうかは，2 つの状態間のエネルギーの差だけによって決定されるのではなく，「乱雑さ」の程度の差も重要な因子になる。系の乱雑さの程度を表す量は**エントロピー**といわれ，系が乱雑であるほどその値は大きい。より乱雑になる方向，つまりエントロピーが増大する方向への変化は自発的に進みやすい。吸熱反応のためエネルギー的には不利な変化であっても，より乱雑になる変化，つまりエントロピー的に有利な変化であれば，その変化は自発的に進むこともある。

化学変化ではないが，自発的な変化の一例として「水の蒸発」という物理変化を考えよう。水は蒸発するとき，周囲から蒸発熱を奪う。すなわち，この変化は吸熱変化であり，エネルギーを与えてやらなければ進行しないはずである。ところが，水は液体の状態より気体の状態の方がはるかに乱雑であり，蒸発することでエントロピーが増大するので，この変化は自発的に進行するのである[*1]。

ある変化の，初めの状態と終わりの状態のエンタルピーの差をΔH[*2]，エントロピーの差をΔSとしたとき，絶対温度をTとして

$$\Delta G = \Delta H - T\Delta S \tag{6-8}$$

で表される量ΔGを，2つの状態間の**自由エネルギー**[*3]の差という。ΔGは2つの状態間のエネルギーの差とエントロピーの差のかねあいを表している。自発的な変化が進むのは，自由エネルギーが減少するとき（$\Delta G < 0$となるとき）である。エンタルピーが減少し，エントロピーが増加する変化（$\Delta H < 0$，$\Delta S > 0$）は (6-8) 式より$\Delta G < 0$となるので自発的に起こる。では，「水の蒸発」はどう考えたらいいだろうか。水は蒸発することで高いエンタルピーの状態になるので，水の蒸発はエンタルピーが増加するような変化（吸熱反応，$\Delta H > 0$）である。しかし，蒸発することでエントロピーが大きく増加するので（$\Delta S > 0$），その差し引きとして自由エネルギーは減少する（$\Delta G < 0$）。その結果，この変化は自発的に起こる。また (6-8) 式より，絶対温度Tが大きくなればなるほどΔGはより負になり，変化はより進みやすくなることが理解できる。

6-4　触　媒

6-2節で，反応速度を高めるには，系の温度を高くして「都合のよい」十分な「強さ」の衝突の回数を多くすればよいと述べた。ところで，化学反応はその反応に直接関係のない物質を加えることによって，その速度を高めることができる場合がある。つまり，加えた物質が反応の活性化エネルギーを小さくする，すなわち遷移状態の「山」を低くすることができる

---

*1　エントロピー増大の原理は，「**熱力学第二法則**」としてまとめられている。

*2　この変化が化学反応であるとき，ΔHは反応エンタルピーである。

*3　自由エネルギーの自由とは，水蒸気にピストンを動かす仕事をさせて蒸気機関を働かせるといったように，外部に「自由」に取り出すことができるという意味である。

なら，より小さいエネルギーをもったものでもこの「山」を越えられるようになるので，反応が速くなる。このように，反応の活性化エネルギーを小さくすることによって反応を速める作用をもつ物質を**触媒**という。このことを反応のエネルギー図で示すと，図 6-7 のようになる。図より明らかなように，触媒を加えたとき，逆反応もまた速くなる。なお，触媒自身は反応の前後でまったく変化しない。

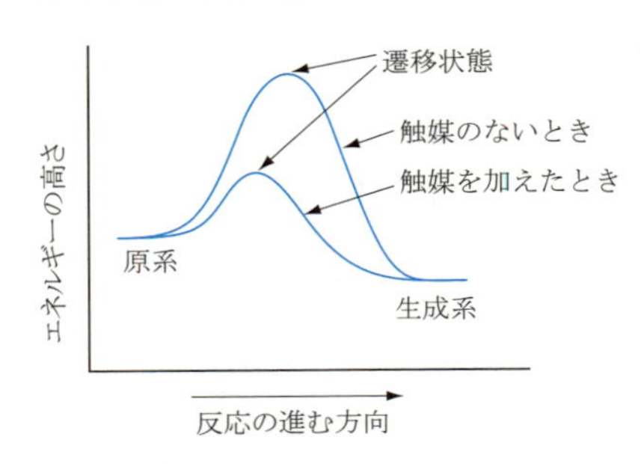

触媒を加えることにより，反応の活性化エネルギーが減少する。

図 6-7　触媒作用のエネルギー図

いろいろな化学反応について，それぞれ特有の物質が触媒として役立つ。たとえば，水素ガス（H_2）と一酸化炭素ガス（CO）から工業的にメタノール（CH_3OH）を合成するときには，酸化亜鉛（ZnO）が触媒として使われ，接触法という硫酸の製造法では触媒として酸化バナジウム（V）（V_2O_5）が用いられる。また，白金（Pt）やニッケル（Ni），パラジウム（Pd）などの金属が触媒として役立つ反応も多い。一方，生物の体内では，非常に多くの複雑な化学反応がたえず起こっているが，これらの反応では，酵素というタンパク質が触媒として働いている。1 つの生体反応についてほぼ 1 種類の酵素が対応しているので，酵素の種類はきわめて多い。

遷移状態の「山」を低くするということは，触媒が何らかの方法で遷移状態の活性錯合体を安定化するということを意味する。酵素がこのことをいかにうまく成し遂げているかについては，後の章で見てみよう（10-1-4 節，p.148 参照）。

大気汚染を防ぐ触媒～乗用車の排ガス浄化

乗用車のガソリンエンジンからの排ガスには，燃え残ったガソリン（炭化水素＝Hydrocarbon 略して HC），一酸化炭素（CO），窒素酸化物（NO，NO_2 など。まとめて NO_x と表し「ノックス」と読むこともある。）などの大気汚染物質が含まれる。このうち，たとえば NO_x は酸性雨（p.110 参照）の原因となるし，HC と NO_x が紫外線を受けて化学反応を起こすと光化学スモッグをもたらす。そこで，排ガス規制が設けられ，排ガス中のこれら汚染物質の濃度を基準レベル以下に低減することが義務づけられている。この基準を満たすためには，HC と CO を酸化し，NO_x を還元するという，相反する化学反応を同時に，排ガスが大気中に放出されるまでのきわめて短時間に，しかも連続的に行わせる必要がある。このことを実現するため，白金 (Pt)，ロジウム (Rh)，パラジウム (Pd) からなる触媒（三元触媒という）が開発され，現在，国内のほとんどすべての乗用車に取り付けられている。

6-5 化学平衡

6-5-1 化学平衡とは

水素 (H_2) とヨウ素 (I_2) からヨウ化水素 (HI) ができる (6-2) 式の反応を考える際，初めにヨウ化水素だけがあるときには逆向きの反応が起こることに触れた。このことから次のようなことが考えられる。

(6-2) 式に従って水素とヨウ素が反応するとヨウ化水素ができるが，この反応が進行してだんだんヨウ化水素が多くなってくると，ヨウ化水素から水素とヨウ素ができる逆向きの反応が次第に無視できない程度になってくるはずである。したがって，水素とヨウ素がすべてヨウ化水素に変化してしまうことはあり得ないことになる。逆に，初めにヨウ化水素だけがあるときにはどうだろうか。ヨウ化水素が反応してどんどん水素とヨウ素が増えてくると，これらがヨウ化水素に戻る反応もまた多くなってくると考えられる。

実際，この反応はどちらから出発してもある程度の時間がたつと正反応（図 6-5 でいえば，左から右への反応）と逆反応（右から左への反応）が釣り合って，見かけ上，何の変化も起こらない状態に達する。このような状態を，**化学平衡**の状態という。化学平衡の状態においては，反応は止まっているわけではないが，正反応と逆反応がちょうど同じ速さで起こっているため，反応に関与する物質（水素，ヨウ素，ヨウ化水素）の量は，(6-9)

式を満足する形で一定になる[*1]。

$$K = \frac{[HI]^2}{[H_2][I_2]} \tag{6-9}$$

K は平衡定数といわれ，この反応について温度，圧力などの外部条件が決まれば一義的に決まる。初めに水素とヨウ素があったとき，逆に初めにヨウ化水素のみがあったときに，それぞれ化学反応が起こって化学平衡に達して行く様子を図 6-8 に示した。

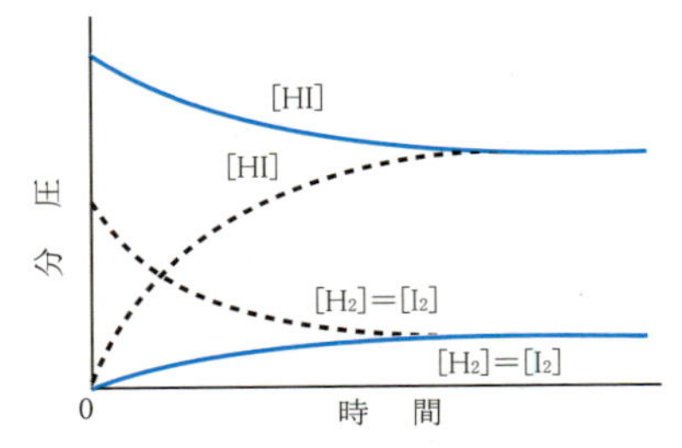

時間とともに各成分の分圧が変化していく様子。----- は，初めに同量の H_2 と I_2 があったとき。——は，初めに HI があったとき。

図 6-8 化学平衡に達するまでの分圧の変化

可逆反応と不可逆反応

先に見たエタノールの燃焼という反応も，やはり化学平衡の状態に達するのだろうか。エタノールはいったん火をつければ（酸素の供給がとだえない限り）燃えつきるまで燃え続ける。そして燃焼反応で生成した水と二酸化炭素から，逆反応によりエタノールができるなどということはありそうにない。燃焼の場合には，反応の過程で放出するエネルギーが活性化エネルギーに比べてきわめて大きい（つまり，逆反応の活性化エネルギーが正反応のそれに比べ極端に大きい）ということと，生成物である水と二酸化炭素が空気中に拡散してしまうという理由によって，事実上，逆反応はまったく起こらない。燃焼反応のように，逆反応が事実上起こらない反応のことを不可逆反応という。これに対し，時間がたつと化学平衡の状態に達するような反応は可逆反応といわれる。反応が可逆反応となるのは，正反応と逆反応の活性化エネルギーが大きく違わ

＊1　それぞれの量を［　］でくくった形で示す。この例は気相反応だから，量を表す数値としてふつう分圧を使うが，(6-10) 式のような溶液反応の場合には，濃度を用いる。

ない場合に限られる。ただし，可逆反応と不可逆反応との区別は，あくまでも相対的なものである。

6-5-2　ルシャトリエの法則

次に酢酸(CH_3COOH)とエタノール(C_2H_5OH)から酢酸エチル($CH_3COOC_2H_5$)[*1]ができる反応を取り上げよう。この反応は，カルボン酸とアルコールが**縮合**（水などの小さな分子がはずれて，2つの分子が結合する反応）して，エステルという化合物が生じる**エステル化**という反応で，次の反応式で表される。

$$CH_3COOH \quad + \quad C_2H_5OH \longrightarrow CH_3COOC_2H_5 \quad + \quad H_2O \qquad (6\text{-}10)$$

この式を模式的に表すと図 6-9 のようになる。

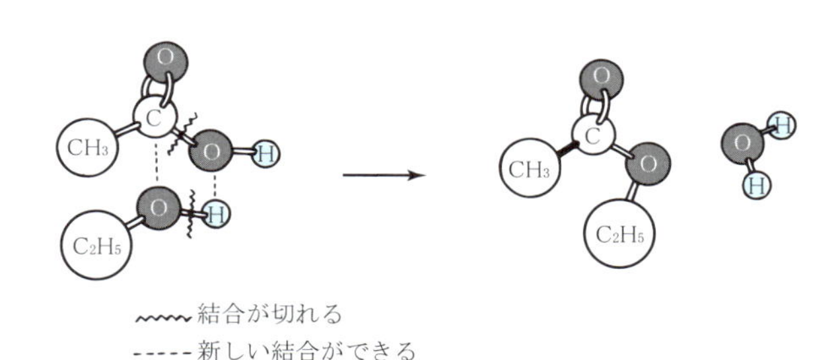

図 6-9　酢酸とエタノールのエステル化反応

エステル化反応

エステル化反応とは，一般にはカルボン酸だけでなく，各種の酸（第7章参照）とアルコールとの間で起こる縮合反応をさす。カルボン酸とアルコールのエステル化反応を一般的に表すと

$$RCOOH \quad + \quad R'OH \longrightarrow RCOOR' \quad + \quad H_2O$$ となる。

また，硫酸とアルコールからは，次のようなエステル化が起こる。

$$R'OH \quad + \quad HO-\overset{\overset{\displaystyle O}{\|}}{\underset{\underset{\displaystyle O}{\|}}{S}}-OH \longrightarrow R'O-\overset{\overset{\displaystyle O}{\|}}{\underset{\underset{\displaystyle O}{\|}}{S}}-OH \quad + \quad H_2O$$

エステル化反応は可逆反応としてよく知られている。つまり先に見たのと同様に，ある程度反応が進行して各化合物の濃度が

＊1　接着剤の溶剤などに使われている。

$$K = \frac{[CH_3COOC_2H_5][H_2O]}{[CH_3COOH][C_2H_5OH]} \qquad (K\text{: 平衡定数}) \qquad (6\text{-}11)$$

の関係を満足する濃度に達したところが化学平衡の状態であり，見かけ上，それ以上の反応は進まなくなってしまう。ところが，これは工業的な観点からすると都合が悪い。工業的には，ある量の原料からなるべく多くの目的物を得なければならないからである。そこで，酢酸エチルをより多く得る，つまり平衡を右に移動させるために，この反応で生成する水を連続的に系外に追い出すことが行われている。水が少なくなれば，左向きの逆反応は起こりにくくなり，目的の酢酸エチルがたくさん得られるようになる。またこのことは，(6-11) 式から数学的に予測できる。すなわち，水の濃度，$[H_2O]$ が小さくなれば，K は定数だから，(6-11) 式を満足させるためには必然的に酢酸エチルの濃度，$[CH_3COOC_2H_5]$ が大きくならなくてはならない。したがって，右向きの正反応が多く起こるようになる。このように，水が系外に追い出されて減少すると，その変化を打ち消すような（水を増加させるような）方向に平衡が移動することがわかる。

この自然法則は，**ルシャトリエの法則**（平衡移動の法則）といわれ，その一般的表現は次の通りである。「平衡状態にある系に何らかの変化を加えたとき，加えられた変化を打ち消す方向に平衡が移動する。」

可逆反応であるということを明らかに示したいときは，反応式の矢印を左右両方向に書く。たとえば，(6-10) 式は

$$CH_3COOH + C_2H_5OH \rightleftharpoons CH_3COOC_2H_5 + H_2O$$

と書く。これは，初めに存在する化合物の濃度によって正反応，逆反応のどちら向きの反応も進行し得るという意味である。

6-5-3　平衡の移動

再び，水素とヨウ素からヨウ化水素のできる反応 (6-2) 式を思い出そう。この反応が化学平衡の状態に達したとき，系の温度を下げたらどうなるだろうか。ルシャトリエの法則によれば，この変化を打ち消す方向，つまり系の温度を上げようとする方向に平衡は移動するはずである。すなわち，この反応では右向き（正方向）の反応が発熱反応であるので，平衡は右（HI

が増える方向）に移動する。

気相反応のうち，反応の前後で物質量が変化して圧力が変わるような場合には，いったん化学平衡の状態に達したのち，その圧力を変化させると平衡が移動する。(6-12) 式の反応では，圧力を低くすればルシャトリエの法則に従って，平衡は右に移動する。なぜなら，右向きの反応が分子数が増えて圧力の増加する方向だからである。

$$N_2O_4 \rightleftharpoons 2NO_2 \qquad (6\text{-}12)$$

生物の体内で起こる化学反応の多くは可逆反応である。これによって，原料不足におちいったり，生成物が多くたまり過ぎたりして生理的に不都合が生じないよう，常に平衡を移動させ生理的なバランスを保っている。私たちはここにも，自然界の巧妙な仕組みを見ることができる*1。

6-6 反応速度

化学反応には，爆発のように一瞬のうちに終ってしまう反応もあるし，鉄がさびるときのように長い時間かかって進行する反応もある。では，化学反応がどのくらいの速さで進行するかを表すためには，どんな方法があるのだろうか。そもそもいったい，化学反応の「速度」とは何だろうか。化学反応というのは莫大な数の分子（あるいは，イオン，原子など）の変化であるが，1 個 1 個の分子が同じ「速さ」で変化していくわけではない。分子 X が集まってできている物質が，Y という分子が集まってできている物質に変化する仮想的な反応 (6-13) 式を考えよう。

$$X \longrightarrow Y \qquad (6\text{-}13)$$

いま仮に，X という分子 1 個 1 個が Y という分子に変化していく様子を「見る」ことができたとすると，莫大な数の X のうち，あるものはすぐに Y に変化し，あるものはいつまでも X のままでなかなか Y に変化しない，というふうにいろいろな「速さ」で Y に変化することが観察できるだろう。しかし，1 個 1 個の分子の動きは微視的な変化であり，これを私たちは「見る」ことはできない。私たちが「見る」ことができるのは，巨視的な変化

*1 生物の体液は**緩衝液**になっており，生体内では pH がほぼ一定に保たれている。pH を一定に保つ仕組みは，ルシャトリエの法則で説明できる。（7-6 節，p.113 参照）

だけである。つまり，実際に測定できるのは，X の全体の量が減少していく様子（あるいは Y の全体の量が増加していく様子）だけである。

したがって化学反応の速さ（**反応速度**）は，時間の経過に伴って，反応物質 (X) の全体の量がどのように減少していくか，あるいは生成物 (Y) の全体の量がどのように増加していくかということで表される。すなわち，反応速度とは，単位時間内に変化する反応物質の量である。全体の量の時間変化のかわりに，濃度の時間変化で表すことも多い。

反応速度式

(6-13) 式の反応で，X の濃度の減少速度が X の濃度に比例するとき，この反応を**一次反応**という*1。一次反応は，反応物質が自発的に変化していく場合に見られる。ここで，この反応の速度について，少し詳しい取り扱いを行ってみよう。

X の濃度 ([X]) の減少速度（単位時間当たりの [X] の変化量）を v とすると，v は [X] に比例するから，その比例定数を k とすれば

$$v = -\frac{d\,[\mathrm{X}]}{dt} = k[\mathrm{X}] \tag{6-14}$$

という式が成り立つ。この式を積分すると

$$[\mathrm{X}] = [\mathrm{X}]_0 e^{-kt} \tag{6-15}$$

となる。ここで，$[\mathrm{X}]_0$ は，X の初期濃度である。[X] を縦軸に，時間 t を横軸にとってグラフにすると図 6-10 (a) のようになる。この図から，時間の経過に伴う [X] の減少の様子を知ることができる。

また，(6-15) 式を自然対数の形で表すと

$$\ln[\mathrm{X}] = \ln[\mathrm{X}]_0 - kt \tag{6-16}$$

となる。図 6-10 (a) の [X] のかわりに，時間に対して ln[X] をプロットすれば図 6-10 (b) の直線が得られ，その傾きから k を求めることができる。この比例定数 k は**一次反応速度定数**といわれ，反応の速さの目安となる。ある反応の k の値は，種々の条件が同じであれば，反応物質の濃度に関係なく固有の値となる。

---

*1　ここでは説明のために，(6-13) 式の反応を溶液反応であるとした。気相反応のときは「濃度」のかわりに「分圧」を使う。

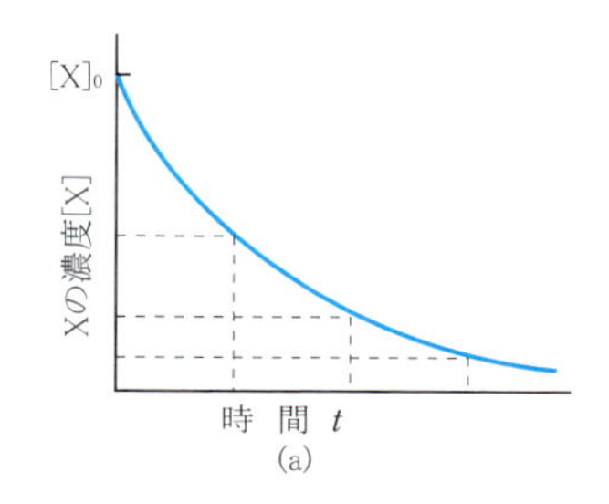

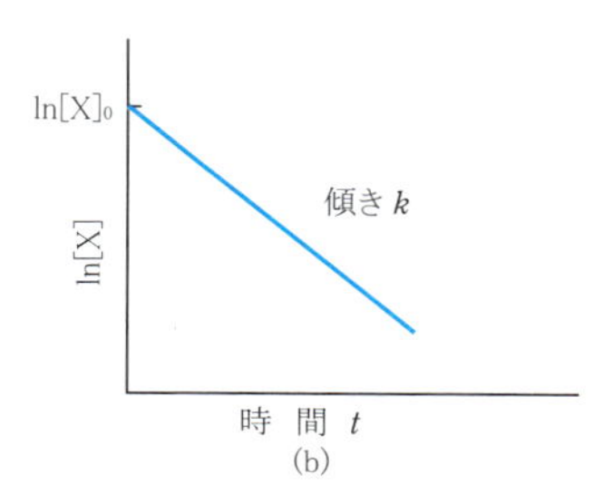

Xの濃度 [X] が半分になるのに要する時間は，[X] のどんな値のときから観測を始めても常に同じである。(b) は (a) の [X] のかわりに ln[X] をプロットしたもの。直線の傾きより，**一次反応速度定数** (k) を求めることができる。

図 6-10　(6-13) 式の反応における [X] の時間変化

また，反応物質の初期濃度が半分になるまでの時間を**半減期**という。一次反応では半減期は反応物質の初期濃度に関係なく一定であるので，一次反応の速さは半減期の長さで比べることができる。半減期 ($t_{1/2}$) と一次反応速度定数の関係は，次の式で示される。

$$t_{1/2} = \frac{\ln 2}{k} = \frac{0.693}{k} \qquad (6\text{-}17)$$

次に，2 つの反応物質が衝突して反応が起こる場合を見てみよう。

$$\mathrm{X} + \mathrm{Y} \longrightarrow \mathrm{Z} \qquad (6\text{-}18)$$

このような反応では，反応物質の濃度が高いほど 2 つの物質の衝突する頻度が高くなるから，反応速度 v は多くの場合，その 2 つの反応物質のそれぞれの濃度に比例する。したがって

$$v = k\,[\mathrm{X}][\mathrm{Y}] \qquad (k：\textbf{二次反応速度定数}) \qquad (6\text{-}19)$$

という式が書ける。このように濃度項が 2 つ関与する反応は**二次反応**とよばれる。二次反応でもやはり，反応する分子の 1 個 1 個の動きを見るのではなく，分子の集まりを全体的に見て，その濃度の変化の様子から反応速度を表すことに注意しよう。

■ 演習問題

1) 25℃の水素 1 g が燃えて，25 ℃の水蒸気が生成するときに発生する熱量は 121 kJ である。このことを熱化学方程式で示せ。また，25℃での水の蒸発熱を 44.3 kJ/mol としたとき，25℃の水素 1 mol が燃えて 25℃の水（液体）が生成するときに発生する熱量を求めよ。

2) 水素と窒素からアンモニアが生成する反応は平衡反応である。この反応を反応式で表せ。また，この反応系の圧力を高くすると平衡はどちらに移るか。

3) 次の，エステルを作る反応式を完結せよ。

$$CH_3CH_2COOH \quad + \quad CH_3OH \quad \longrightarrow$$

$$\begin{array}{l} CH_2OH \\ | \\ CH_2OH \end{array} \quad + \quad 2CH_3COOH \quad \longrightarrow$$

7 酸と塩基

酸と塩基は化学の実験を行うときによく使うというだけでなく，私たちの身近なところでも重要な物質である。酢や果物に酸が含まれているとか，食品に酸性食品やアルカリ性食品[*1]があることなどよく知っているだろう。また，酸・塩基反応は，化学反応のうちでも最も代表的なものの1つである。酸や塩基とはどんな物質であり，それらを私たちはどのようにとらえたらよいのであろうか。

7-1 酸とは，塩基とは

7-1-1 酸・塩基の定義

アレニウスが定義したところによると，酸とは，塩化水素（HCl）や硫酸（H_2SO_4）のように，水に溶けると水素イオン（H^+）を出すものであり，塩基とは，水酸化ナトリウム（NaOH）のように，水に溶けて水酸化物イオン（OH^-）を出すもののことをいう。

ところが，アンモニア（NH_3）や，アンモニアの3つのHのうちの1つ以上をCH_3などの炭素を含む置換基で置き換えた，アミンとよばれる化合物（RNH_2，$RR'NH$，$RR'R''N$）は，OHを持っていないので電離してOH^-を出すことはできないにもかかわらず，これらは水に溶けると化学変化をしてアルカリ性を示す。これは，アンモニアやアミンが水からH^+を奪うことによりOH^-が生成するためである[*2]。

---

*1　酸（アルカリ）性食品とは，その食品を燃やして灰にし，その灰を水の中に入れたとき，その水が酸（アルカリ）性を示すということである。つまり，体内で炭素化合物がすべて消化された後に残るミネラルが酸（アルカリ）性を示すという指標である。

*2　アンモニアが水に溶けると化学変化をして，NH_4^+とOH^-を生成することから，アンモニア水をNH_4OHと表現する場合がある。

$$\begin{array}{c}\mathrm{H}\\ \mathrm{H}:\ddot{\mathrm{N}}:\\ \mathrm{H}\end{array} + \mathrm{H}:\ddot{\underset{\cdot\cdot}{\mathrm{O}}}:\mathrm{H} \rightleftharpoons \left[\begin{array}{c}\mathrm{H}\\ \mathrm{H}:\ddot{\underset{\cdot\cdot}{\mathrm{N}}}:\mathrm{H}\\ \mathrm{H}\end{array}\right]^+ + \left[:\ddot{\underset{\cdot\cdot}{\mathrm{O}}}:\mathrm{H}\right]^-$$

$$(NH_3) \qquad (H_2O) \qquad (NH_4^+) \qquad (OH^-)$$

$$\begin{array}{c}\mathrm{R'}\\ \mathrm{R}:\ddot{\mathrm{N}}:\\ \mathrm{R''}\end{array} + \mathrm{H}:\ddot{\underset{\cdot\cdot}{\mathrm{O}}}:\mathrm{H} \rightleftharpoons \left[\begin{array}{c}\mathrm{R'}\\ \mathrm{R}:\ddot{\underset{\cdot\cdot}{\mathrm{N}}}:\mathrm{H}\\ \mathrm{R''}\end{array}\right]^+ + \left[:\ddot{\underset{\cdot\cdot}{\mathrm{O}}}:\mathrm{H}\right]^-$$

つまり，これらの物質も塩基とよぶべきである。そこでブレンステッドは酸・塩基の定義について次のように拡張したものを提唱した。

　酸　：相手の物質に水素イオン（H^+）を与えるもの

　塩基：相手の物質から水素イオン（H^+）を受けいれるもの

これらの定義に基づく酸・塩基は**ブレンステッドの酸・塩基**といわれる。

水素イオン（H^+）は水素原子から電子がとれたもので，陽子（英語名：プロトン）そのものである。水素イオンすなわちプロトンは，実際には単独で存在することはできず，必ずほかの物質に結合して存在する。水中で H^+ は，水の酸素原子に結合してオキソニウムイオン（H_3O^+）を作っている*1。すなわち，塩化水素（HCl）が水に溶けてプロトンを放出する反応は，便宜的には

$$HCl \longrightarrow H^+ + Cl^-$$

と書く場合が多いが，正確には次のような反応である。

$$HCl + H_2O \longrightarrow H_3O^+ + Cl^- \qquad \left[\begin{array}{c}\mathrm{H}:\ddot{\underset{\cdot\cdot}{\mathrm{O}}}:\mathrm{H}\\ \mathrm{H}\end{array}\right]^+$$

オキソニウムイオン

7-1-2　酸・塩基反応

酸と塩基の間で起こる H^+ の授受の反応を**酸・塩基反応**という。酢酸と水との反応をブレンステッドの酸・塩基の定義に基づいて考えてみよう。

$$\underset{\text{酢　酸}}{CH_3COOH} + H_2O \rightleftharpoons \underset{\text{酢酸イオン}}{CH_3COO^-} + H_3O^+$$

---

*1　酸素原子が3つの結合をもつ陽イオン（R_3O^+）を，一般にオキソニウムイオンと総称することもある。

この場合，H^+を与えているCH_3COOHは酸の役割を，H^+を受けいれているH_2Oは塩基の役割を果たしている。一方，右から左への逆反応に着目すればH^+を与えているH_3O^+は酸としての役割を，H^+を受けいれているCH_3COO^-は塩基の役割を果たしている。また，先に見たアンモニアと水の反応では，H^+を与えているH_2Oは酸として，H^+を受けいれているNH_3は塩基として働いており，逆反応においては，NH_4^+は酸でOH^-は塩基となっていることがわかる。

$$NH_3 + H_2O \rightleftharpoons NH_4^+ + OH^-$$

上の2つの反応において水は，酢酸と反応するときは塩基として働き，アンモニアと反応するときは酸として働いている。このように，ブレンステッドの定義に基づけば，物質は場合によって酸にも塩基にもなるということに注目しよう。

7-1-3 配位結合

NH_3やH_2Oはそれぞれ，窒素原子や酸素原子上に，結合に関与していない電子の対である**非共有電子対**（つい）を持っている。これらの非共有電子対の電子をH^+と共有することによって結合が生じ，NH_4^+やH_3O^+が生成する。このような結合は**配位結合**とよばれている。2原子間で電子が共有されているので，結合そのものの様式は共有結合と同じであるが，結合に関与する電子が，片方の原子から一方的に供給されている点で共有結合と異なっている。

ルイス酸・ルイス塩基

先に述べたブレンステッドの定義によれば，塩基とは非共有電子対を持っていて，その部分で空の電子軌道（電子の入っていない電子軌道）を持つH^+と配位結合できるものであったが，H^+に限らず空の電子軌道を持っているものは，塩基と反応することができ，ブレンステッドの酸・塩基反応（H^+の授受の反応）と同じタイプの反応が起こる。そこで，このような反応も酸・塩基反応に含めるような酸・塩基の定義が，ルイスによってなされている。このような定義に従う酸・塩基を特に**ルイス酸・ルイス塩基**とよんでいる。この定義は図7-1に示したように酸・塩基の最も広義の定義である。

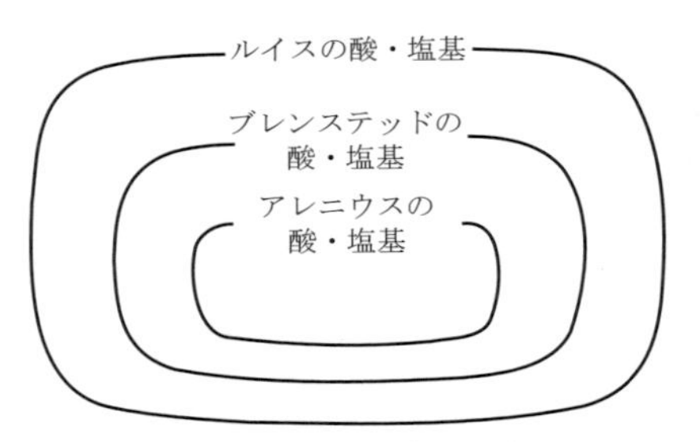

図 7-1　酸・塩基の定義

ルイス酸：電子対を相手から受けいれて配位結合を形成できるもの

ルイス塩基：配位結合を形成できるような非共有電子対をもつもの

代表的なルイス酸とルイス塩基間の反応の例を2つ示す。アルミニウム (Al) やホウ素 (B) は価電子の数が3個で，ハロゲンと結合して $AlCl_3$ や BF_3 のような化合物を作るが，これらの化合物の分子を構成する原子には，閉殻構造をとっていないものがあり，空の電子軌道が存在するのでルイス酸である。したがって，塩化物イオンやアンモニアといったルイス塩基と反応することにより，閉殻構造をとった安定な化合物を作ることができる。(□は空の電子軌道を示す)

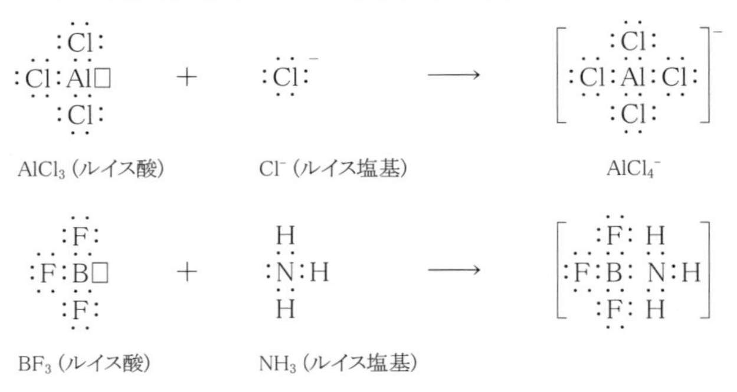

配位化合物

上記の BF_3 に NH_3 が結合してできている化合物のように，ある1つの原子を中心にして，別の分子が配位結合で結びついているような化合物は，**配位化合物（配位錯体）**と呼ばれる。特に金属原子や金属イオンは，非共有電子対を有する分子や陰イオンなどの配位子と配位結合をしてさまざまな配位化合物を作ることができる。たとえば，Cu^{2+} の水溶液にアンモニア水を加えると，Cu^{2+} に4個の NH_3 分子が配位したテトラアンミン銅 (II) イオン $[Cu(NH_3)_4]^{2+}$ を形成する (図 7-2)。このような，イオンの性質をもつ配位化合物を**錯イオン**という。

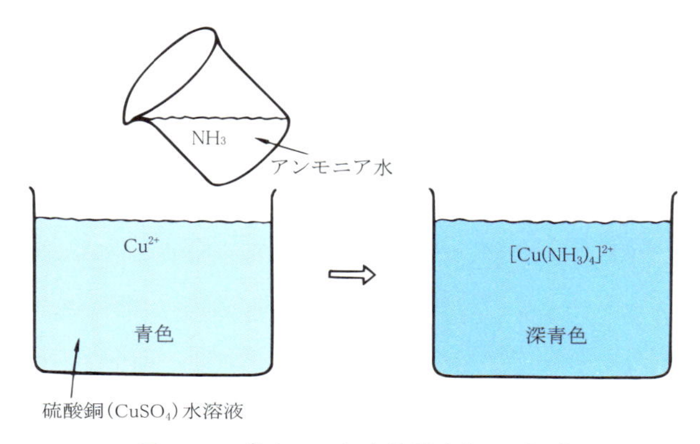

図 7-2　Cu^{2+} と NH_3 による錯イオンの形成

このような，金属原子を中心とした配位化合物は身近な物質の中にも多く見られ，重要な役割を果たしている。たとえば，赤血球に含まれているヘモグロビンは，酸素を運搬する役目をもつタンパク質であるが（図10-2，p.146 参照），その中に含まれているヘムという物質は，鉄原子を中心とした配位化合物である。また，ある種の染料で布を染めたのち，金属イオンの溶液で処理（媒染）をすると色が変化することがあるが，これは染料分子と金属イオンが配位化合物を形成した結果である。

7-2　酸・塩基にはどんなものがあるか

酸と塩基は相対的なもので，どの物質も酸にも塩基にもなりうるが，一般に酸・塩基といわれる物質にどんなものがあるのかを見ておこう。よく使われる酸・塩基を表 7-1 に示した。酸は他のものに H^+ を供与できる物質であるが，どのような分子のどのような水素原子でも H^+ として電離するとは限らない。たとえば，CH_3CH_2OH（エタノール）が水に溶けたとき，炭素原子と結合している H も酸素原子と結合している H も H^+ として電離することはない[*1]。また，NH_3 の H も電離性の H ではない。それに対して，表 7-1 に示した物質の下線をほどこした H は，H^+ として電離する。つまり，これらの物質は酸として働くことができる。アレニウスの塩基と

*1　非常に強い塩基に対して，エタノールは酸として働き，OH 基の H を H^+ として放出する場合もある。

表7-1　主な酸・塩基

	強　酸		弱　酸		強塩基		弱塩基
1価	HCl 塩酸	HNO_3 硝酸	CH_3COOH 酢酸	HCN シアン化水素	NaOH 水酸化ナトリウム	KOH 水酸化カリウム	NH_3 アンモニア
	C_6H_5-SO_3H ベンゼンスルホン酸		HClO 次亜塩素酸	C_6H_5-OH フェノール			CH_3NH_2 メチルアミン
2価†	H_2SO_4 硫酸		H_2CO_3 炭酸	H_2S 硫化水素	$Ca(OH)_2$ 水酸化カルシウム		
3価†			H_3PO_4 リン酸				$Al(OH)_3$ 水酸化アルミニウム

(注) 下線をほどこしたHが，H^+ として電離できる。
† 2価の酸は二塩基酸，3価の酸は三塩基酸，また，2価の塩基は二酸塩基，3価の塩基は三酸塩基ともいわれる。

は，水に溶けたとき OH^- を出すことのできる物質であるが，$-OH$ を分子内に持っていてもエタノールの $-OH$ は，OH^- として電離しないので，エタノールはアレニウスの定義に基づく塩基ではない。

また，水に溶けたとき，完全に電離する酸・塩基をそれぞれ**強酸・強塩基**といい，一部分だけが電離するものをそれぞれ**弱酸・弱塩基**という。表7-1 では酸・塩基を，その強弱および，1つの分子から何個の H^+ または OH^- を生成することができるかという価数により分類した。

(1)　カルボン酸

表 7-1 のうち，酢酸はカルボン酸の一種である。カルボン酸とは，分子内にカルボキシ基を有する有機酸の一般名であり，私たちの生活にとって重要な物質である（第 9 章参照）。主なカルボン酸を表 7-2 に示した。カルボキシ基は水中で次の式のように電離し H^+ を生ずる。カルボン酸では，電離しているのは一部分であり，カルボン酸は弱酸である（7-3 節，p.106 参照）。

$$\underset{(RCOOH)}{R-\overset{\displaystyle O}{\overset{\|}{C}}-O-H} \underset{水}{\rightleftharpoons} \underset{(RCOO^-)}{R-\overset{\displaystyle O}{\overset{\|}{C}}-O^-} + H^+$$

（R：炭素を含む置換基または H）

表7-2　主なカルボン酸

名称	示性式	備考
ギ酸	H－COOH	
酢酸	CH_3COOH	
パルミチン酸†	$CH_3(CH_2)_{14}COOH$	C＝C結合は含まない
ステアリン酸†	$CH_3(CH_2)_{16}COOH$	C＝C結合は含まない
オレイン酸†	$C_{17}H_{33}COOH$	C＝C結合を1個含む
リノール酸†	$C_{17}H_{31}COOH$	C＝C結合を2個含む
リノレン酸†	$C_{17}H_{29}COOH$	C＝C結合を3個含む
乳酸	$CH_3CH(OH)COOH$	細菌の発酵により生成
安息香酸	C_6H_5－COOH（ベンゼン環－COOH）	芳香族カルボン酸の1つ
シュウ酸	COOH ｜ COOH	2価のカルボン酸

† 油脂を分解して得られる。炭素数が多いという意味で高級脂肪酸と言われる。

(2) スルホン酸

表 7-1 に示したベンゼンスルホン酸は，スルホン酸の一種である。一般にスルホン酸は強酸であり，次のように完全に電離する。

$$R-SO_3H \longrightarrow R-SO_3^- + H^+ \quad (R：炭素を含む置換基)$$

(3) フェノール

炭素原子に結合したヒドロキシ基（－OH）のうちでも，エタノールの－OH の H は電離性ではないが，ベンゼン環に結合している－OH の H は一部が電離する。したがって，フェノール[*1] は水に溶けて弱酸性を示す。

$$C_6H_5-OH \rightleftharpoons C_6H_5-O^- + H^+$$

7-3 酸・塩基の強さ

酸を HZ，塩基を XOH と表すと，それぞれ (7-1) 式，(7-2) 式のように電離する。

$$HZ \rightleftharpoons H^+ + Z^- \qquad (7\text{-}1)$$

$$XOH \rightleftharpoons X^+ + OH^- \qquad (7\text{-}2)$$

＊1　フェノール：ベンゼン環に結合したヒドロキシ基をもつ化合物の一般名，もしくは C_6H_5OH の固有名（表 2-4，p.20 参照）。

このような平衡を**電離平衡**という。酸・塩基の強弱は，酸・塩基の電離平衡がどちらにどれほど片寄っているかによって決まる。**強電解質**＊1 の酸・塩基は，水中でこの平衡がほとんど完全に右に片寄っており強酸・強塩基である。それに対して**弱電解質**の酸・塩基は，一部分が電離しているにすぎないので弱酸・弱塩基である。

アスコルビン酸

生体内に存在する酸のほとんどはカルボン酸 (R-COOH) であるが，カルボン酸でない酸にL-アスコルビン酸がある。これはビタミンCのことで，体内の代謝に重要な役割をはたしている。L-アスコルビン酸が酸性を示すのは，下の反応で見られるようにC=C二重結合についたヒドロキシ基のうち，一方の水素がプロトン (H^+) として離れやすいためである。ヒドロキシ基からプロトンが脱離して酸性を示す例はめずらしい。

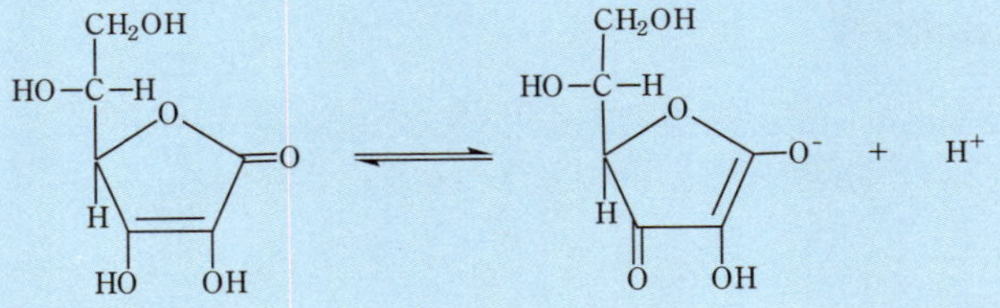

酸の強さの指数

(7-1) 式における平衡の平衡定数（K_a）は

$$K_a = \frac{[H^+][H^-]}{[HZ]} \qquad (7\text{-}3)$$

で表される（各成分の濃度を［　］でくくった形で示す）。この平衡定数を電離定数という。強い酸ほど平衡が右に片寄っているので，(7-3) 式の分子は分母に対して大きくなり，K_a は大きくなる。このように，酸の強さは酸の電離定数で表すことができる。ただし，K_a の値は酸の種類によって何百倍，何千倍・・といった違いがあるので，実用的に酸の強弱を表す指標として，次のように定義される pK_a の値を用いることが多い。

$$pK_a = -\log K_a$$

pK_a が小さいほど強い酸で，大きいほど弱い酸ということになる。酸が二塩基酸，三塩基酸の場合は，二段目の電離や三段目の電離があり，それ

＊1　水に溶けて陽イオンと陰イオンに電離するような物質を**電解質**といい，ほとんどすべて電離するものを**強電解質**，電離の程度の小さいものを**弱電解質**という。

に対する電離平衡も同様に表す。

$$H_2Z \overset{K_{a1}}{\rightleftharpoons} H^+ + HZ^- \qquad K_{a1} = \frac{[H^+][HZ^-]}{[H_2Z]}$$

$$HZ^- \overset{K_{a2}}{\rightleftharpoons} H^+ + Z^{2-} \qquad K_{a2} = \frac{[H^+][Z^{2-}]}{[HZ^-]}$$

酸の強さと化学構造

酸や塩基の強さは，H^+ と結合する部位の静電的性質，つまり，H^+ をどれだけ引きつける能力があるかによって決まる。引きつける能力が強いほど H^+ は電離しにくいので，酸としては弱く，塩基として強いということになる。いくつかの置換酢酸（酢酸のメチル基の水素原子（H）を，ほかの原子または原子団で置き換えたカルボン酸）を例にとって，酸の強さと化学構造の関係について考えてみよう。一連の酸の COO^- の部分の H^+ を引きつける能力は置換基によってどう変わるのだろうか。表 7-3 に構造式と pK_a 値を示した。酢酸のメチル基の H の 1 つを電子吸引力の強い塩素（Cl）やフッ素（ F ）に置き換えたものは pK_a が小さく，酢酸より強い酸であることがわかる。そして，電気陰性度のより大きい F を置換したもののほうがより強酸である。また，Cl を多く置換したものの方が一置換のものより強い酸であることもわかる。同じく電子吸引性の置換基である，シアノ基（−CN）やヒドロキシル基（−OH）の結合したもののほうが酢酸よりも強酸である。このように，置換基の電子を吸引する力が強いほど COO^- の負電荷は小さくなり，H^+ を引きつける能力が弱まるので，酸としては強くなる。

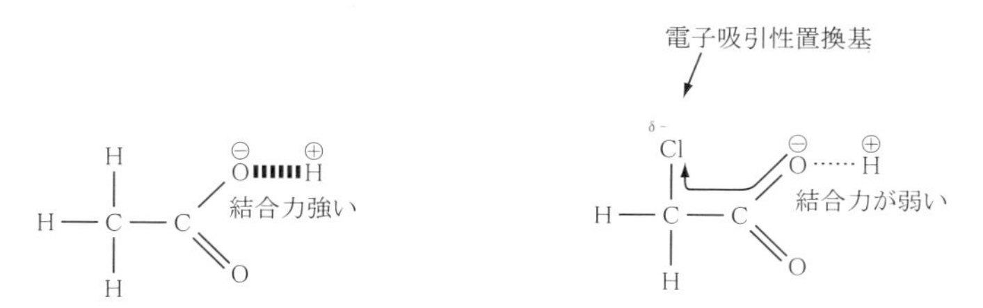

図 7-3　酸の化学構造と H^+ を引きつける能力の関係

表7-3　いくつかのカルボン酸のpK_a値（25℃，水中での値）

カルボン酸	示性式	pK_a
酢　　　酸	CH_3COOH	4.76
フルオロ酢酸	$F-CH_2COOH$	2.66
ク ロ ロ 酢 酸	$Cl-CH_2COOH$	2.86
ジクロロ酢酸	$Cl_2CHCOOH$	1.30
トリクロロ酢酸	Cl_3CCOOH	0.65
シ ア ノ 酢 酸	$N{\equiv}C-CH_2COOH$	2.43
ヒドロキシ酢酸	$HO-CH_2COOH$	3.83

7-4　水素イオンの濃度と pH

水溶液が酸性であるかアルカリ性であるかは，溶液中の水素イオン（H^+，厳密にはオキソニウムイオン H_3O^+）と水酸化物イオン（OH^-）のどちらが多いかによって決まる。ただし，H^+ と OH^- の両方がともに大量に存在することはできない。なぜなら，この２つのイオンが出会うと次のような，水が生成する反応が起こるからである。

$$H^+ \quad + \quad OH^- \quad \rightleftharpoons \quad H_2O \tag{7-4}$$

逆に言うと，水は以下のように，わずかに電離する。

$$H_2O \quad \rightleftharpoons \quad H^+ \quad + \quad OH^- \tag{7-4'}$$

この反応は平衡反応であるので，濃度の関係は，(7-5) 式のように表すことができる。

$$\frac{[H^+][OH^-]}{[H_2O]} = K \quad （一定） \tag{7-5}$$

これを変形すると

$$[H^+]\ [OH^-] = K[H_2O] = K_w \quad （一定） \tag{7-6}$$

となる。ここで，K_w の値は，$1.0 \times 10^{-14}\ mol^2/L^2$ という一定の値（25℃のとき）である[*1]。このことは [H^+] が増せば [OH^-] が減少するというふうに，二者の積が常に一定となることを意味する。酸性の溶液では，$[H^+] > [OH^-]$，逆に，アルカリ性の溶液では $[OH^-] > [H^+]$ である。この関係を表 7-4 にまとめた。$[H^+] = [OH^-]$ のとき中性であり，このとき両者の濃度はともに 1.0×10^{-7} mol/L となる。

H^+ の多い水溶液ほど強い酸性を示し，逆に H^+ が少なくなれば OH^- が

＊1　K_w は**水のイオン積**とよばれる。

多くなるので強いアルカリ性となる。つまり，溶液の酸性度，アルカリ性度は水素イオン濃度で示すことができる。水素イオン濃度の値は広範囲であり，濃度の実数で表すのは不便なので，その対数をとった水素イオン指数（pH（ピーエイチ））で表すことが多い。その定義は，$pH = -\log[H^+]$ である。したがって，$[H^+] = 10^{-n}$ mol/L のとき，指数の n が pH の値となる。

表7-4 水素イオン濃度(mol/L)・水酸化物イオン濃度(mol/L)とpH

$[H^+]$	1	10^{-1}	10^{-2}	10^{-3}	10^{-4}	10^{-5}	10^{-6}	10^{-7}	10^{-8}	10^{-9}	10^{-10}	10^{-11}	10^{-12}	10^{-13}	10^{-14}
$[OH^-]$	10^{-14}	10^{-13}	10^{-12}	10^{-11}	10^{-10}	10^{-9}	10^{-8}	10^{-7}	10^{-6}	10^{-5}	10^{-4}	10^{-3}	10^{-2}	10^{-1}	1
pH	0	1	2	3	4	5	6	7	8	9	10	11	12	13	14
	・・・・・			酸		性	・・・・	中性	・・・・		アルカリ性		・・・・・・・		

※pHが1小さくなると水素イオン濃度は10倍に，2小さくなると100倍になることに注意しよう。

酸性雨

純粋な水の pH は 7.0 であるが，普通に放置されている水は，空気中の二酸化炭素を溶かし込んでおり，炭酸が生成しているために，pH は5から6の間である。雨水も同様であるが，人類が石油・石炭を燃やして空気中に放出させた硫黄酸化物や窒素酸化物がとけ込むことで，さらに酸性になる。これが酸性雨で，pH が 4.5 以下になると，森林が枯れるなどの大きな被害がでるといわれている。

7-5 中和反応

7-5-1 中和反応とは

酸・塩基反応のうち，ある一定の割合の酸と塩基が反応して**塩**（えん）と水を生じる反応を**中和反応**という。いくつかの反応例を下に示した[*1]。

$$HNO_3 + KOH \longrightarrow KNO_3 + H_2O$$

$$CH_3COOH + NaOH \longrightarrow CH_3COONa + H_2O$$

$$C_6H_5-SO_3H + NaOH \longrightarrow C_6H_5-SO_3Na + H_2O$$

$$C_6H_5-OH + NaOH \longrightarrow C_6H_5-ONa + H_2O$$

また，水を生じない次のような反応も中和反応とみなせる。

$$NH_3 + HCl \longrightarrow NH_4Cl$$

$$C_6H_5-NH_2 + HCl \longrightarrow C_6H_5-NH_3Cl$$

*1 このような反応をすることから，カルボキシ基やスルホ基は酸性の官能基であるということができ，またアミノ基は塩基性の官能基であるということができる。

7-5-2 塩

酸と塩基の中和によってできるイオン性の化合物を**塩**(えん)という。先の反応式では電離していない形で示したが，塩は水に溶けている時は完全に電離して，イオンの状態で存在している。たとえば，KNO_3 の場合は，K^+ と NO_3^- になっている（図 7-4）。

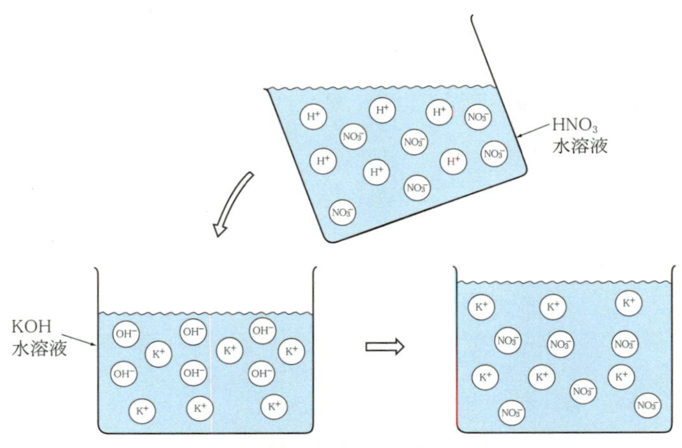

図 7-4　硝酸と水酸化カリウムの中和

塩が溶けた水溶液は，必ずしも中性を示すとは限らない。たとえば，酢酸ナトリウム (CH_3COONa) のように弱酸と強塩基の中和によってできた塩は弱アルカリ性を示し，塩化アンモニウム（NH_4Cl）のような強酸と弱塩基の塩は弱酸性を示す。これは次の反応式に示す塩の**加水分解**(かすいぶんかい)が起こり，CH_3COONa からは OH^- が，NH_4Cl からは H_3O^+ が生ずるからである。

$$\begin{cases} CH_3COONa \longrightarrow CH_3COO^- + Na^+ \\ CH_3COO^- + H_2O \longrightarrow CH_3COOH + OH^- \end{cases}$$

$$\begin{cases} NH_4Cl \longrightarrow NH_4^+ + Cl^- \\ NH_4^+ + H_2O \longrightarrow NH_3 + H_3O^+ \end{cases}$$

一般に，水に溶けたとき，強酸と強塩基の塩は中性を，強酸と弱塩基の塩は酸性を，弱酸と強塩基の塩はアルカリ性を示す。弱酸と弱塩基の塩の場合は，その弱酸と弱塩基のどちらがより強いかによる。また，炭酸（H_2CO_3）やリン酸（H_3PO_4）のような多塩基酸の塩のうち，酸の水素が残っている塩については，水に溶かすと酸性を示すものとアルカリ性を示すものがある。

たとえば，炭酸水素ナトリウム（$NaHCO_3$）*1 は弱アルカリ性を示し，リン酸二水素ナトリウム（NaH_2PO_4）は弱酸性を示す。

したがって，CH_3COONa や $NaHCO_3$ は酸を中和するのに用いることができ，一方，NH_4Cl はアルカリを中和するのに用いることができる。特に，$NaHCO_3$ は酸が存在するうちは CO_2 の泡を発生しながら中和反応が進行するので，中和点を確認しやすく便利である。

7-5-3 中和滴定

中和反応を利用し，濃度のわかっている酸または塩基を用いて，塩基または酸の濃度を定量しようとする容量分析を**中和滴定**という。未知の濃度の塩酸を，濃度のわかっている水酸化ナトリウム水溶液で滴定する実験の装置と，水酸化ナトリウムの滴下に伴う pH の変化を図 7-5 に示した。このような曲線は滴定曲線といわれるが，中和点付近で pH が急激に変化することに注目しよう。同時に，酢酸の水酸化ナトリウムによる中和の滴定曲線も示した。

ここで，c mol/L の m 価の酸 p mL と，c' mol/L の m' 価の塩基 p' mL で中和が起こるとする。この酸の溶液に含まれる H^+ は，$mcp/1000$ mol で，この塩基の溶液に含まれる OH^- は，$m'c'p'/1000$ mol であるから，

$$mcp/1000 = m'c'p'/1000 \tag{7-7}$$

から，

$$mcp = m'c'p' \tag{7-8}$$

という関係が成り立つ。

---

*1 炭酸水素ナトリウムは別名，重曹とも呼ばれ，胃酸を中和するための成分として多くの胃薬に配合されている。また，加熱により分解して二酸化炭素ガスを発生するので，ベーキングパウダーとしても使われる。

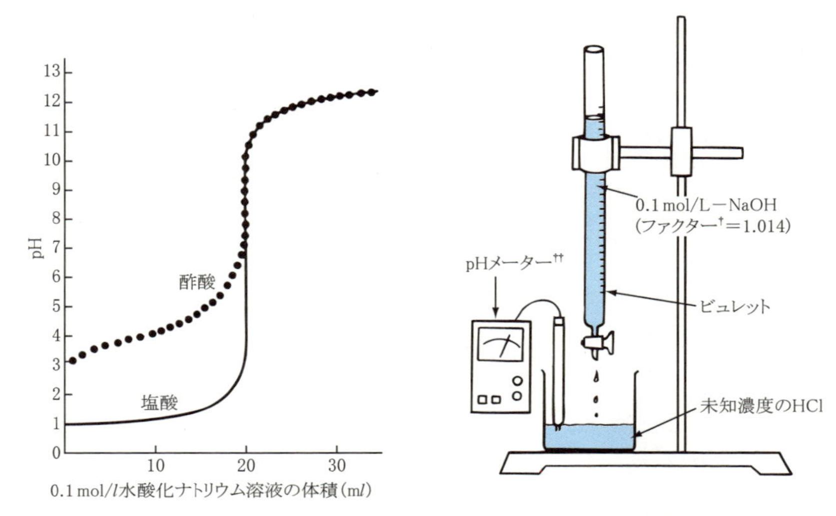

† ファクターは，滴定に使用される標準溶液の濃度の補正因子（正確な濃度を表すための係数）である。この例では，NaOH の濃度は正確には 0.100 mol/L ではなく，0.1 × 1.014 = 0.1014 mol/L ということになる。

†† ガラス電極を試料溶液に浸して溶液の pH を電気的に測定する機器。あらかじめ pH のわかっている緩衝液で指示値を校正したのち，試料溶液の pH を測定する。中和滴定では，指示薬の色の変化で中和点を求めることもできる。

図 7-5 中和滴定の装置と滴定曲線

7-6 緩衝液－pH を一定に保つ溶液

pH が 7 の水に，少しの酸や塩基を加えてもその pH は大きく変化するであろうことが，図 7-5 からも想像できる。実験の都合上，少量の酸や塩基を加えても pH がほとんど変化しないようにする必要がある場合，**緩衝液**(バッファー液）が使われる。緩衝液は弱酸とその塩，または弱塩基とその塩の混合溶液である。生物の体液は，溶け込んでいるさまざまな化合物の作用により緩衝液となっており，いろいろな物質の出入りによっても pH はほとんど変化しない。したがって，酸性食品を多くとったり，アルカリ性食品を多くとったりして，摂取する食物が片寄っても血液の pH が変わることはない。

図 7-5 で酢酸の滴定曲線が，塩酸のそれに比べて，酸性側でなめらかにしか変化しないのは，酢酸を中和することによって生じる酢酸塩と，まだ中和されないで残っている酢酸とで緩衝液を作るからである。

緩衝液の原理

緩衝液がなぜ pH をほぼ一定に保つことができるかについて，酢酸と酢酸ナトリウムの緩衝液で説明しよう（図 7-6）。酢酸は弱酸であるので一部分が電離して電離平衡の状態にある（式 (a)）。一方，酢酸ナトリウムは塩なので完全に電離している（式 (b)）。この系に，H^+ や OH^- が加わると，その増加を打ち消すような方向の反応が起こる＊1。

$$\underline{CH_3COOH} \rightleftarrows CH_3COO^- + \boxed{H^+} \qquad (a)$$

$$CH_3COONa \longrightarrow \underline{CH_3COO^-} + Na^+ \qquad (b)$$

＿＿＿は多量に存在することを，□は少量しか存在しないことを示す。

H^+ を加えた時………多量にある CH_3COO^- と反応し，(a) の←の方向への反応が進み，増えた H^+ が除かれる。

OH^- を加えた時……多量にある CH_3COOH と反応し，

$$CH_3COOH + OH^- \rightarrow CH_3COO^- + H_2O$$

の反応が起こり，増えた OH^- が除かれる。

図 7-6　緩衝液の原理（酢酸－酢酸ナトリウム緩衝液）

この緩衝液の pH がほぼ一定に保たれることについて，酢酸の電離の平衡定数から考えてみよう。酢酸の電離平衡の (7-9) 式から［H^+］を表すと次のようになる。

$$\frac{[CH_3COO^-][H^+]}{[CH_3COOH]} = K_a \qquad (7\text{-}9)$$

$$[H^+] = \frac{K_a[CH_3COOH]}{[CH_3COO^-]} \qquad (7\text{-}10)$$

上で述べたように，CH_3COO^- と CH_3COOH は多量にあるため，H^+ や OH^- を添加して図 7-6 の (a) 式の平衡が移動しても，その濃度はほとんど変化しない。したがって，(7-10) 式で表される［H^+］はほとんど変わらないことがわかる。

■　演習問題

1）表 7-1 から任意に酸と塩基を選び，その中和反応の反応式を書け。

2）0.050 mol/L のシュウ酸 10.0 mL を中和するのに，8.0 mL の水酸化ナトリウム水溶液が必要だった。この水酸化ナトリウム水溶液のモル濃度はいくらか。

＊1　p. 94，「6-5-1　ルシャトリエの法則」参照。

8 酸化と還元

基本的な化学反応の１つである酸化と還元は，私たちの身近な所でひんぱんに起こっており，私たちの生活にさまざまな影響を与えている。たとえば，ものが燃えるという現象はすべて酸化であるし，動物が食物を摂取して，それが体内で代謝される過程にも酸化・還元が関与している。家庭や工場で使われる漂白剤は，酸化や還元により，色を持つ物質を色を持たない物質に化学変化させる薬品である。また，油が酸化するとか食品に酸化防止剤が入っているとか，酸化という言葉は身近によく聞かれる。このように重要な役割を果たしている酸化・還元とはどのような反応であろうか。

8-1　酸化とは，還元とは

酸化とは，古くは酸素と化合することとされていたが，水素を失うことや電子を失うことも，物質が酸素と化合することと類似の変化であるので，これらの変化もすべて酸化というようになった。すなわち，酸化とは狭い意味では次の①の反応のことであるが，広い意味では①～③の変化のことである。

酸化とは分子や原子やイオンなどが

①　酸素と化合すること　　例）$2Mg + O_2 \longrightarrow 2MgO$
（酸素原子を得ること）

②　水素原子を失うこと　　例）$2H_2S + SO_2 \longrightarrow 3S + 2H_2O$

③　電子を失うこと　　例）$Zn \longrightarrow Zn^{2+} + 2e^-$
（ここで e^- は電子を表す）

還元は酸化の逆の過程である。

還元とは分子や原子やイオンなどが

① 酸素原子を失うこと 例）$Fe_2O_3 + 2Al \longrightarrow 2Fe + Al_2O_3$

② 水素原子と結合すること 例）$N_2 + 3H_2 \longrightarrow 2NH_3$

③ 電子を得ること 例）$Cu^{2+} + 2e^- \longrightarrow Cu$

8-2 酸化・還元を電子の授受で説明する

上で酸化・還元は，①酸素の授受，②水素の授受，または，③電子の授受を伴う反応であることを述べたが，①と②の場合は③の場合の中に含めて説明することができる。銅（Cu）の酸素（O_2）による酸化銅（Ⅱ）（CuO）への酸化を考えてみよう。

$$2Cu \quad + \quad O_2 \quad \longrightarrow \quad 2CuO$$

この反応で，銅は酸素原子を得ている。しかしこれは，銅原子に着目すればCuが電子を奪われてCu^{2+}に酸化され（$Cu \rightarrow Cu^{2+} + 2e^-$），一方で$O_2$は電子を受け取り$O^{2-}$となり（$O_2 + 4e^- \rightarrow 2O^{2-}$），この二者が結合してCuOになっているとみなすことができる。

また，塩素（Cl_2）が硫化水素（H_2S）から水素原子を奪って塩化水素（HCl）へ還元される反応を考えてみる。

$$Cl_2 \quad + \quad H_2S \quad \longrightarrow \quad 2HCl \quad + \quad S$$

この反応で，塩素原子に着目すれば，ClはH$_2$Sから電子を得てCl^-に還元されたと考えることができる。

$$Cl_2 \quad + \quad 2e^- \quad \longrightarrow \quad 2Cl^-$$

$$(\,:\ddot{\underset{..}{Cl}}:\ddot{\underset{..}{Cl}}: + 2e^- \quad \longrightarrow \quad :\ddot{\underset{..}{Cl}}: + :\ddot{\underset{..}{Cl}}:\,)$$

このように，一般に酸化と還元はすべて電子の移動を伴う変化である。もう少し具体的にいうと，ある分子やイオンや原子が電子を失う場合，それは酸化されたことになり，ある分子やイオンや原子が電子を得た場合，それは還元されたことになる[*1]。

＊1 「酸化（還元）された」という受け身の使い方に注意しよう。

8-3 酸化と還元は同時に起こる

酸化反応や還元反応は，電子の授受を伴う反応である。したがって，電子を放出するものと，その電子を受け取るものが必ず同時に存在する。つまり，酸化反応が起これば同時に還元反応も起こる。具体的な反応例を取り上げて詳しく述べてみよう。

金属ナトリウム（Na）と水（H_2O）との反応においては，Na は電子を放出して Na^+ に酸化される一方で，H_2O は酸素を失い水素ガス（H_2）に還元されている（H_2O の H^+ が電子を受け取っていると考えてもよい）。

$$2Na + 2H_2O \longrightarrow 2NaOH + H_2$$

$$\left[\begin{array}{llll} Na & \xRightarrow[\text{酸化}]{} & Na^+ & \\ & H_2O & \xRightarrow[\text{還元}]{} & H_2 \end{array}\right]$$

また，次の反応でも，CuO の Cu への還元と H_2 の H_2O への酸化が同時に起こっている。

$$CuO + H_2 \longrightarrow Cu + H_2O$$

$$\left[\begin{array}{llll} CuO & \xRightarrow[\text{還元}]{} & Cu & \\ & H_2 & \xRightarrow[\text{酸化}]{} & H_2O \end{array}\right]$$

酸化数

酸化還元反応において，着目したある原子が酸化されたか還元されたかを簡単に判定するために，**酸化数**を利用する方法がある。酸化数とは，原子がどれだけの酸化状態にあるかを示した数で，＋の側にいくほど高い酸化状態にあることを示す。ある原子の酸化数が増えたとき，その原子またはその原子を含む化合物は酸化されたことになり，酸化数が減少すれば還元されたことになる。酸化と還元は同時に起こるので，1つの酸化還元反応において酸化数の増加数と減少数は等しい。

〈酸化数の決め方〉～次の順序で決めていく

①単体の原子　　　　　：　0
②イオン　　　　　　　：　そのイオンの価数
③化合物中の酸素原子：－2（ただし，H_2O_2 などの過酸化物の場合は－1）
④化合物中の水素原子：＋1（ただし，NaH，CaH_2 などの金属水素化物の場合は－1）

⑤ 化合物中の原子の酸化数の総和は0とする。また，多原子イオン中の成分原子の酸化数の総和はそのイオンの価数に等しい。

たとえば，過マンガン酸カリウム（$KMnO_4$）のマンガン原子（Mn）の酸化数は，次に示したように，＋7となる。

K　Mn　O_4

（酸化数　+1　x　−8（＝−2×4）　総和＝0　∴ x（Mn の酸化数）＝+7）

また，次の反応で，ヨウ素原子（I）の酸化数は−1から0に，塩素原子（Cl）の酸化数は0から−1に変化している。すなわち，I は酸化され，Cl は還元されていることがわかる。

$$2KI + Cl_2 \longrightarrow 2KCl + I_2$$

（酸化数　+1 −1　0　+1 −1　0）

8-4　酸化剤と還元剤

8-4-1　酸化剤のはたらき，還元剤のはたらき

ほかの物質を酸化する能力のある物質を酸化剤，還元する能力のある物質を還元剤という。酸化と還元は必ず同時に起こるので，1つの酸化還元反応に関与する物質は，必ず一方が酸化剤でもう一方が還元剤となっている。すなわち，1つの酸化還元反応で，酸化剤は相手の還元剤を酸化するとともに，自身はその還元剤によって還元される。そこで，どの化合物に重点を置くかによって，酸化剤，還元剤，あるいは酸化・還元などの言葉が選ばれる。酸化還元反応を一般的に表すと次のようになる。

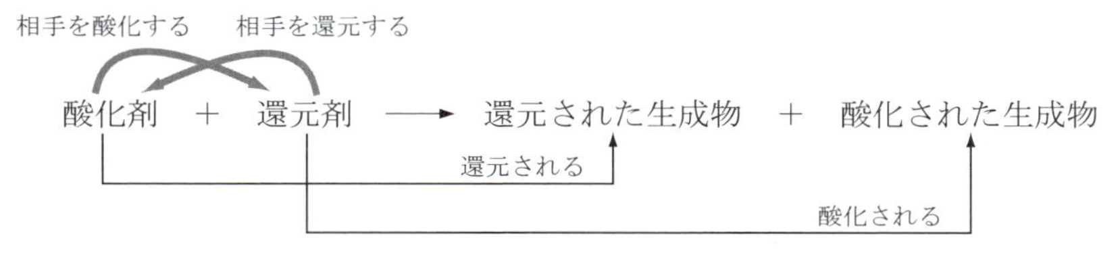

今まで述べてきた反応例について，どの物質が酸化剤・還元剤になっているかを確認しておいてほしい。

ただし，酸化剤・還元剤として実用的に使われるものは，その能力の大きい物質である。よく用いられる酸化剤・還元剤を表8-1に示した。

表8-1　主な酸化剤・還元剤

酸化剤	オゾン（O_3），過酸化水素（H_2O_2），塩素（Cl_2），ヨウ素（I_2），次亜塩素酸ナトリウム（NaClO），過マンガン酸カリウム（$KMnO_4$），二酸化硫黄（SO_2），ニクロム酸カリウム（$K_2Cr_2O_7$）
還元剤	ナトリウム（Na），水素（H_2），硫化水素（H_2S），チオ硫酸ナトリウム（$Na_2S_2O_3$），ハイドロサルファイトナトリウム（$Na_2S_2O_4$）

8-4-2　酸化還元滴定

濃度のわかっている酸化剤または還元剤を用いて，還元剤または酸化剤の濃度を定量しようとする容量分析を**酸化還元滴定**という。代表的なものとして**ヨウ素滴定**がある。ヨウ素滴定とは，ヨウ化カリウム（KI）を，濃度を求めたい酸化剤でいったん酸化してヨウ素（I_2）とし，それをチオ硫酸ナトリウム（$Na_2S_2O_3$）で滴定することにより I_2 の濃度，すなわち酸化剤の濃度を決めようとする方法である。酸化剤として過酸化水素（H_2O_2）を用いた場合について，どのような反応が起こるかを次に示した。

$$2I^- + H_2O_2 \longrightarrow 2OH^- + I_2$$

（黄褐色）

$$I_2 + 2Na_2S_2O_3 \longrightarrow 2NaI + Na_2S_4O_6$$

（滴定により，I_2 を消失させるのに必要な $Na_2S_2O_3$ の量を求める。I_2 はヨウ素－デンプン反応による青紫色の発色で検出することができる。）

8-4-3　漂　白　剤

家庭や工場で使われている**漂白剤**は酸化剤や還元剤である。これは，色を持った物質は，酸化や還元によって色を持たない物質に分解される場合が多いことによる。酸化力や還元力が強くて，しかも取り扱いの容易な酸化剤や還元剤が漂白剤として用いられている。繊維の漂白によく使われる漂白剤を表 8-2 に示した。一般に還元漂白は，作用がおだやかで，繊維をいためることはないが，空気中の酸素によって復色することもある。一方，酸化漂白剤の中には繊維自身に反応するものもある。特に，次亜塩素酸イオン（ClO^-）を含む塩素系漂白剤は，次の式に示したように酸化力の強い原子状酸素が発生することにより酸化を行うが，反応性が高く，ナイロンや絹などの繊維を黄変させるし，色物に使えばすみやかに退色が起こる

表8-2　主な漂白剤

酸化漂白剤	塩素系漂白剤	次亜塩素酸ナトリウム	$NaClO$
		さらし粉（カルキ）	$Ca(ClO)_2 \cdot CaCl_2 \cdot 2H_2O$
	酸素系漂白剤	過炭酸ナトリウム	$2Na_2CO_3 \cdot 3H_2O_2$
		過酸化水素†	H_2O_2
		過ホウ酸ナトリウム	$NaBO_3 \cdot 4H_2O$
還元漂白剤		ハイドロサルファイトナトリウム	$Na_2S_2O_4$
		亜硫酸水素ナトリウム	$NaHSO_3$
		シュウ酸	$(COOH)_2$

†　過酸化水素の酸化作用は殺菌にも用いられ，その約３％の水溶液はオキシドールとして市販されている。

ので，使用にあたっては注意が必要である。

$$ClO^- \longrightarrow Cl^- + [O]$$

（:C̤̈l:Ö̤:　⟶　:C̤̈l:　:Ö̤·）

また，このような原子状酸素による酸化作用には殺菌能力もあるので，水道水やプールの水などには塩素系漂白剤が加えられている。

8-5　有機化合物の酸化還元

有機化合物の酸化還元は，工業的にも，生物にとっても重要な化学反応である。人間がエタノールを摂取する（お酒を飲む）と，エタノールが脳にまわり，「酔う」という症状が現れるが，これは長続きしない。エタノールが，体内で次のように酸化され，無害な酢酸になるからである。

$$\underset{\text{エタノール}}{CH_2CH_2OH} \longrightarrow \underset{\text{アセトアルデヒド}}{CH_3CHO} \longrightarrow \underset{\text{酢酸}}{CH_3COOH}$$

このような官能基の変換が酸化であることは，次のように考えれば理解できる。

$$-\overset{\displaystyle H}{\underset{\displaystyle H}{\overset{|}{\underset{|}{C}}}}-OH \xrightarrow[\text{とれる}]{\text{水素原子が}} -\underset{\displaystyle H}{\underset{|}{C}}=O \xrightarrow{\text{酸素が加わる}} -\underset{\displaystyle O-H}{\underset{|}{C}}=O$$

メタノールにこの種の反応が起こると，ホルムアルデヒドが生成する。

$$CH_3OH \longrightarrow HCHO$$

8-6 電極電位（酸化還元電位）

酸化還元反応は，電子の授受を伴う反応である。したがって，酸化や還元の起こりやすさは，電子の受け渡しのしやすさと関連させることができる。すなわち，強い還元剤ほど電子を放出しやすく，強い酸化剤ほど電子を受けいれやすい。たとえば，図 8-1 のようなダニエル電池といわれるものについて考えてみよう。左側の槽は亜鉛イオン（Zn^{2+}）を含む水溶液に電極として亜鉛（Zn）の板を浸してある。この電極の表面では次式の反応がいずれの方向へも起こり得る。

$$Zn \rightleftharpoons Zn^{2+} + 2e^-$$

また，右側の槽は，銅イオン（Cu^{2+}）を含む水溶液に銅（Cu）の電極板を浸したものであり，次式の反応がいずれの方向へも起こり得る。

$$Cu \rightleftharpoons Cu^{2+} + 2e^-$$

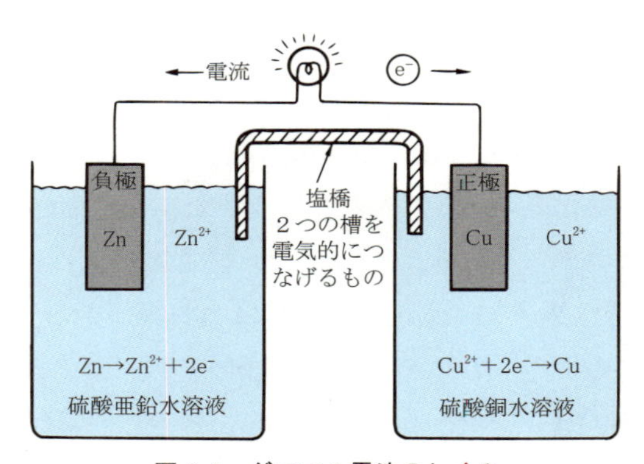

図 8-1　ダニエル電池のしくみ

この 2 つの電極を導線でつなぐと Zn 極(負極)から Cu 極(正極)へ電子が流れる。これは，Cu より Zn の方が電子を放出しやすいため，それぞれの電極では図 8-1 の中に示した一方向のみの反応しか起こらず，Zn 電極で出された電子が導線を通って Cu 電極の方へ行き，Cu 電極から Cu^{2+} に渡されるからである[*1]。

＊1　電流の方向は，電子の流れの逆方向と定義されている。

ある物質がどれほど電子を放出しやすいか(あるいは受け取りやすいか)は，**電極電位（酸化還元電位）**という値で表される。電極電位は反応する物質の濃度に依存するので，いろいろな電極における電極電位を比較するためには，ある一定の濃度での測定値である**標準電極電位（標準酸化還元電位）**が使われる。また，電位は相対的な値であり，たとえば，

$$H_2 \rightleftharpoons 2H^+ + 2e^-$$

の反応が起こっている電極（**標準水素電極**）の電位を0ボルトとし，この電位との差としてそれぞれの電極の電位を表す。電極電位はその物質の酸化力や還元力の強さの目安となる。表8-3にいくつかの金属の標準電極電位を示した。

表8-3　主な金属の標準電極電位（25℃）

電　極	電極反応	標準電極電位(V)
$Li\|Li^+$	$Li \rightleftharpoons Li^+ + e^-$	−3.05
$K\|K^+$	$K \rightleftharpoons K^+ + e^-$	−2.93
$Na\|Na^+$	$Na \rightleftharpoons Na^+ + e^-$	−2.71
$Mg\|Mg^{2+}$	$Mg \rightleftharpoons Mg^{2+} + 2e^-$	−2.36
$Al\|Al^{3+}$	$Al \rightleftharpoons Al^{3+} + 3e^-$	−1.66
$Zn\|Zn^{2+}$	$Zn \rightleftharpoons Zn^{2+} + 2e^-$	−0.76
$Fe\|Fe^{2+}$	$Fe \rightleftharpoons Fe^{2+} + 2e^-$	−0.44
$Sn\|Sn^{2+}$	$Sn \rightleftharpoons Sn^{2+} + 2e^-$	−0.14
$Pb\|Pb^{2+}$	$Pb \rightleftharpoons Pb^{2+} + 2e^-$	−0.13
$H_2\|H^+$	$H_2 \rightleftharpoons 2H^+ + 2e^-$	0
$Cu\|Cu^{2+}$	$Cu \rightleftharpoons Cu^{2+} + 2e^-$	+0.34
$Ag\|Ag^+$	$Ag \rightleftharpoons Ag^+ + e^-$	+0.80

カリウム (K) やナトリウム (Na) はこの値が小さい (負に大きい) が，このことは，溶液中にあるそのイオン (K^+ や Na^+) が還元されて金属になる反応を起こすには，金属側（電極側）に大きな負の電位をかけなければらないということを意味している。逆にいうと，電位の値の小さな (負に大きな) 金属ほど酸化されてイオンになりやすい(**イオン化傾向**の大きい)金属である。したがって，このような金属は強い還元剤である。逆に，電位の値の大きな金属はイオン化しにくいということができる。

酸化還元電位は，金属などの無機物質だけでなく，有機化合物にも適用できる。特に生体内反応では，多くの酸化還元が起こっており，その反応

の起こりやすさの目安として酸化還元電位を知ることは重要である。

電極の反応は，私たちが日常使っている電池の中でも起こっている。マンガン乾電池では負極の亜鉛（Zn）が酸化されて電極に放出された電子が，導線を伝わって正極にある炭素棒から水素イオン（H^+）に渡されるという反応が起こるため電流が生じる。このとき還元されて生成した水素原子（H）は酸化マンガン（IV）（MnO_2）によって酸化されて水になる（図 8-2）。

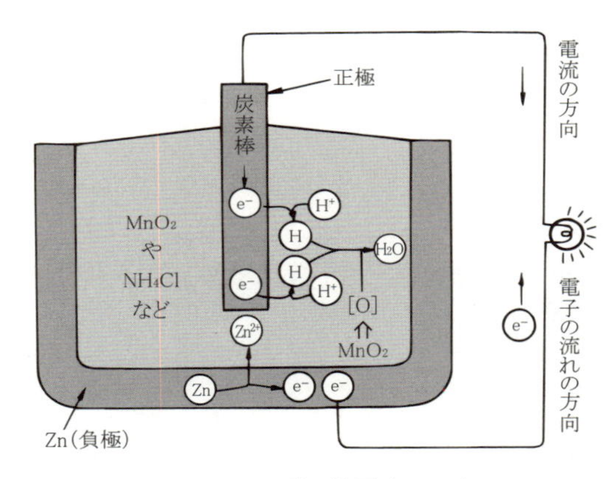

図 8-2　マンガン乾電池のしくみ

鉄のサビ

日常使われる金属材料（たとえば鉄）は 100% 純粋なものではなく，ほかの金属を不純物として含んでいる。酸化還元電位は金属によって違うので，異なる金属同士が接しているところには電位の差が生じている。そのような箇所にひとたび傷が入ると，そこに水分なり湿気なりが入り込み放電が始まる。こうして，金属のブロックは次から次へとイオンとなって溶け出し，空気中の酸素と化合して酸化物になる。この現象が金属のサビである。

ところで，燃焼とはあるものが酸素と化合する過程であり，その際に熱が出る。しかし，同じく酸素との化合である鉄のサビのときは，なぜ熱を出さないのだろう？

それは，鉄のサビはきわめてゆっくりと進行するので，わずかずつ出る熱は蓄積される前に周囲へ逃げていってしまうためである。ところが，鉄のかたまりを細い粉末にしてやると酸素と接触する表面積は何 100 万倍にも増え酸化反応が頻繁に起こるようになる。そこで一度に多量の熱が放出されて我々が感じることができるようになる。粉末状の鉄は，酸素と化合して（酸素を捕まえて）熱を出すことから，食品用の脱酸素剤や使い捨てカイロに使われている。

自動車のバッテリーとして使われる鉛蓄電池は，負極に鉛（Pb），正極に酸化鉛（IV）（PbO_2），電解質に希硫酸を用いる。2つの極を外部回路で結ぶと，Pbは電子を放出し（酸化され），PbO_2は電子を受け取る（還元される）という反応が起こって，どちらも水に溶けにくい硫酸鉛（II）（$PbSO_4$）になる。これに伴って，外部回路に電流が流れる（**放電**）。ある程度，放電が進んだ後，外部回路から放電の時と逆向きに電流を流すと，逆向きの反応が起こって，負極と正極を元の状態に戻すことができる。これを**充電**という。

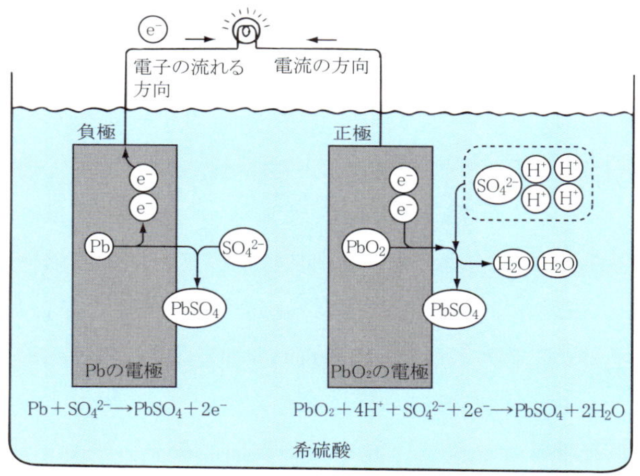

図 8-3　鉛蓄電池のしくみ

■　演習問題

1）　次の反応で，下線を引いた原子は酸化されたか還元されたか。

$$\underline{S}O_2 \quad + \quad H_2O_2 \quad \longrightarrow \quad H_2SO_4$$

$$2\underline{Ag}NO_3 \quad + \quad \underline{Cu} \quad \longrightarrow \quad 2Ag \quad + \quad Cu(NO_3)_2$$

$$\underline{Mn}O_2 \quad + \quad 4H\underline{Cl} \quad \longrightarrow \quad MnCl_2 \quad + \quad 2H_2O \quad + \quad Cl_2$$

2）　次の反応で酸化剤となっているものはどれか。

$$SO_2 \quad + \quad 2HNO_3 \quad \longrightarrow \quad H_2SO_4 \quad + \quad 2NO_2$$

$$SiO_2 \quad + \quad 2Mg \quad \longrightarrow \quad Si \quad + \quad 2MgO$$

$$2HgCl_2 \quad + \quad SnCl_2 \quad \longrightarrow \quad Hg_2Cl_2 \quad + \quad SnCl_4$$

3）　1-プロパノールおよび2-プロパノールが酸化されて生じる物質を記せ。

9 生活と化学物質

私たちの身のまわりには，近年の化学工業で産み出されている物質だけでなく，食品や天然繊維など，もともと自然界に存在している物質も含め，多くの物質が存在する。これらの物質は，さまざまな形で私たちの生活に貢献している。日頃なにげなく接しているこれらの物質を，今まで学んできたような分子・原子のレベルにまで立ち入った微視的な視点でとらえ，化学的な理解をすることは，物質を知り，使って行く上でたいへん重要なことである。前章までで説明してきた知識や考え方をもとに，身近な物質と,それらが織り成す現象や変化の本質について考えてみることにしよう。

9-1 界面活性剤

まず，**界面活性剤**という物質をとりあげてみよう。この物質はセッケンや合成洗剤の成分として汚れを落とす役割を果たしたり，普通は混じりあわない油と水を，細かいつぶ状に**分散**して混じり合った状態（このような状態にすることを**乳化**という）にさせることができる。市販のフレンチドレッシングは油と水が分離しているものもあるが，界面活性剤が入って乳化しているタイプのものもある。また，卵黄の中にはレシチンという界面活性剤が含まれているので油脂と卵は混じりあうことができ，マヨネーズとなるのである。このように生活になくてはならない界面活性剤とはどんな物質なのだろうか。また，なぜこのような働きをするのだろうか。

9-1-1 界面活性剤とは

水滴は，同体積なら最も表面積の小さい形，すなわち球形になろうとする傾向を持っている。このことからもわかるように，液体の表面（液体と気体の界面）では，その表面積をできるだけ小さくしようとする力（表面張力）が働く。ところが，分子内に親水性部分と疎水性部分を同時に持つような物質を加えると，水の表面張力は著しく低下する。このような物質は界面活性剤と呼ばれ，洗剤，乳化剤，起泡剤等のさまざまな用途に使われる。

9-1-2　界面活性剤の化学構造

代表的な界面活性剤であるセッケンを例にとって，界面活性剤の化学構造を考えてみよう。図9-1にセッケンの分子模型[*1]を示した。この分子の左側は，炭素原子と水素原子のみからなる炭化水素の骨格から成り立っており，その端（図では右）に$-COO^-$が結合している。炭化水素骨格の部分は疎水性であり，$-COO^-$の部分はイオンであるので親水性である。このように界面活性剤の分子は，**疎水性部分**と**親水性部分**をあわせもつ構造をしており，模式的に図9-1の下図のように表すことができる。一般に界面活性剤の疎水性部分は主に長鎖の炭化水素の骨格から成っており，親水性部分は，イオン性の官能基や極性の高い部分から成っている（5-5-2節，p.73

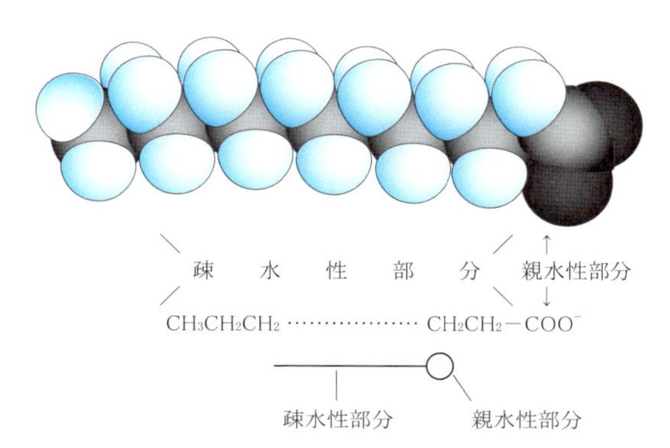

図9-1　界面活性剤の一種，セッケンの分子模型（上），化学式（中）と一般的な界面活性剤の化学構造の模式図（下）

---

*1　非イオン界面活性剤以外は，水中で電離するので，厳密には分子ではなくイオンというべきである。

参照)。炭化水素部分が疎水性であることは，炭素原子と水素原子のみからできている物質である，ろうそくのろうやガソリンなどが，水とは混じらないことからもわかる。

9-1-3　水中における界面活性剤

界面活性剤を水に加えていった場合を考えてみよう。界面活性剤の分子は水中にも散らばって行くが，その疎水性部分は水分子からなるべく遠ざかろうとするため，疎水性部分を水の外側（空気の側）に向け，親水性部分を水の方に向けて，表面に集まろうとする（図 9-2 (a))。水の表面張力は表面の水分子間に働く力によるものであり，水の表面に界面活性剤の分子が並ぶことによって，この力が部分的に断ち切られるため，界面活性剤の溶けた水溶液の表面張力は低下する。さらに，界面活性剤の濃度を高めていくと水中にバラバラに散らばっていた界面活性剤の分子は，その疎水性部分が直接水分子と接するのを避けようとするため，疎水基が内側になるように寄り合い，親水基を外側（水の側）に向けた，図 9-2 (b) のような形の**ミセル**という集合体を作るようになる。ミセルの内部は疎水性の油溶性物質を取り込むことができるので，界面活性剤は可溶化作用を示す。

さらに，界面活性剤分子は，図 9-2(c) のように，油滴を取り囲んで，水中に分散（O/W 型，oil in water 型の分散）させることができるので，乳化や洗浄の作用を持つ。また，図 9-2(d) のように疎水性溶媒の中で，水滴を取り囲んで分散（W/O 型，water in oil 型の分散）させることもできる。

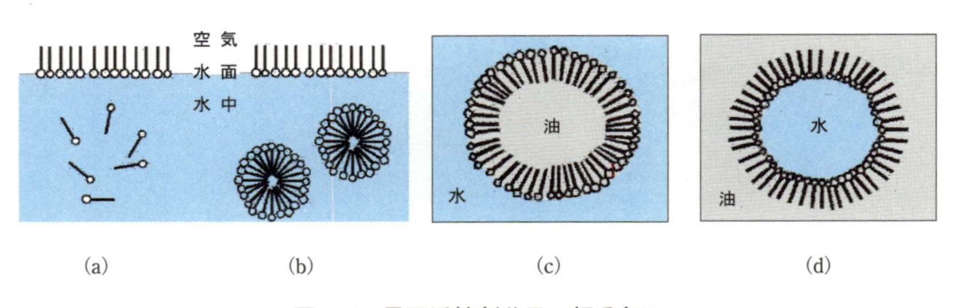

図 9-2　界面活性剤分子の振る舞い

9-1-4　界面活性剤の種類

界面活性剤は，その親水性部分の化学構造の違いにより**イオン界面活性剤**と**非イオン（ノニオン）界面活性剤**に分類される。イオン界面活性剤は水中で電離してイオンを生じるが，その親水性部分のイオンの種類により**陰イオン（アニオン）界面活性剤**，**陽イオン（カチオン）界面活性剤**，**両性イオン界面活性剤**に分かれる。

(1) 陰イオン (アニオン) 界面活性剤

陰イオン界面活性剤の親水性部分として重要な官能基は，次の3つである。

官能基	$-COOH$	$-OSO_3H$	$-SO_3H$
そのナトリウム塩	$-COONa$	$-OSO_3Na$	$-SO_3Na$
水中で電離した形	$-COO^-$	$-OSO_3^-$	$-SO_3^-$

これらの官能基は電離することで陰イオンになる。通常はアルカリと中和させて塩の形 (たとえばナトリウム塩) にして用いられる。

セッケンは古くから使われている陰イオン界面活性剤であり，数千年前に既に油脂と木灰を混ぜて煮ることによって製造されていた。現在では，油脂を水酸化ナトリウム水溶液で煮沸して作られている。油脂は，長鎖の炭化水素骨格を含むカルボン酸（高級脂肪酸）とグリセリンが結合したエステルの一種である（グリセリンとのエステルという意味で油脂はトリグリセリドといわれることもある)。このエステル結合をアルカリ条件下で加水分解（このような反応を**けん化**という）すると高級脂肪酸のナトリウム塩であるセッケンが生成する。

$$\begin{array}{lcccccc} R-COOCH_2 & & & & R-COONa & & CH_2-OH \\ \quad\quad\quad | & & & & & & | \\ R'-COOCH & + & 3NaOH & \longrightarrow & R'-COONa & + & CH-OH \\ \quad\quad\quad | & & & & & & | \\ R''-COOCH_2 & & & & R''-COONa & & CH_2-OH \end{array}$$

油　脂　　水酸化ナトリウム　　高級脂肪酸のナトリウム塩　　グリセリン

(R, R′, R″は炭素原子が10～18個つながった長鎖の炭化水素骨格を表す。油脂の種類によってさまざまである。代表的な高級脂肪酸は表7-2，p. 106を参照のこと。)

なお，油脂は，人の体内でも分解されるが，この場合の加水分解は中性条件で起こるので，次のような反応式で表すことができる。

$$
\begin{array}{lllll}
\mathrm{R-COOCH_2} & & & \mathrm{R-COOH} & \mathrm{CH_2-OH} \\
\quad\quad\quad | & & & & \quad | \\
\mathrm{R'-COOCH} & + \ 3\mathrm{H_2O} & \longrightarrow & \mathrm{R'-COOH} \ + & \mathrm{CH-OH} \\
\quad\quad\quad | & & & & \quad | \\
\mathrm{R''-COOCH_2} & & & \mathrm{R''-COOH} & \mathrm{CH_2-OH} \\
\text{油　脂} & & & \text{高級脂肪酸} & \text{グリセリン}
\end{array}
$$

エステルの加水分解

油脂のようなエステルは触媒の存在下，加水分解を受け，カルボン酸とアルコールになる。エステルの C=O の部分は，図 9-3 に示すように＋と－の片寄りがあり（5-5-1 節，p.73 参照），そのいくぶん正電荷を帯びている炭素原子を，水分子の中でいくぶん負電荷を帯びている酸素原子が攻撃すると，アルコール部分が脱離をして分解が起こるのである（6-5 節，p.92 参照）。強アルカリ条件下では OH^- が攻撃するので，加水分解は非常に速く進行する。

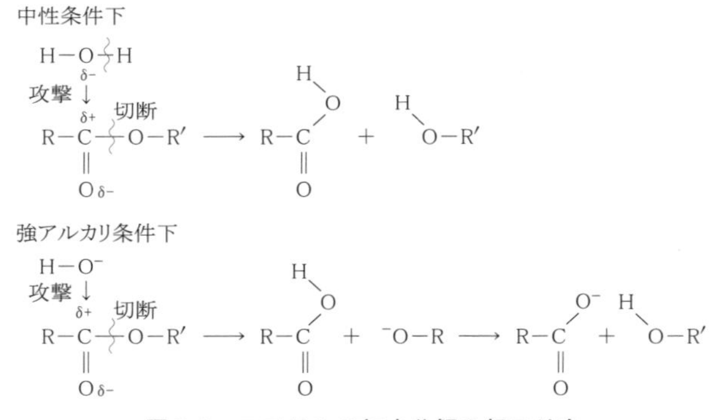

図 9-3　エステルの加水分解の起こり方

セッケン（RCOONa）は，水に溶けると次の式のように電離するが，弱酸と強アルカリの塩であるので，その水溶液は 7-5 節（p.111）で述べたように弱アルカリ性を示す。

$$\mathrm{RCOONa} \longrightarrow \mathrm{RCOO^-} + \mathrm{Na^+}$$

また，セッケンの水溶液を酸性にすると，カルボン酸は弱酸なので，$RCOO^-$ はほとんど H^+ と結合してしまい，難溶性のいわゆる酸性セッケン（RCOOH）

が遊離する。

セッケンはカルシウムイオンやマグネシウムイオンなどと水に溶けにくい塩を作る。

$$2RCOO^- \quad + \quad Ca^{2+} \quad \longrightarrow \quad (RCOO)_2Ca$$

$$2RCOO^- \quad + \quad Mg^{2+} \quad \longrightarrow \quad (RCOO)_2Mg$$

日常使う水道水はこれらのイオンをいくぶん含んでいるので，セッケンで洗濯をすると，上のような反応が起こり沈殿ができる。これがセッケンカス（金属セッケン）である。

硬水と軟水

天然の水など，カルシウムイオン（Ca^{2+}）やマグネシウムイオン（Mg^{2+}）を多く含む水を**硬水**といい，これらのイオンをほとんど含まない水を**軟水**という。Mg^{2+} や Ca^{2+} は，陰イオン界面活性剤と結合して，その働きを妨げるので，硬水は洗濯に適さない水である。

硬水のうち，これらの陽イオンが炭酸水素塩の形で溶けている場合（つまり，これらの陽イオンの対になる陰イオンが HCO_3^- の場合）は，煮沸によって不溶性の炭酸塩（$CaCO_3$ や $MgCO_3$）が生成し，これを沈殿させて除去して軟水にすること（軟化）ができるので**一時硬水**といわれる。それに対して，それ以外の塩として溶けている場合（対になる陰イオンが SO_4^{2-} などの場合）は煮沸によっても軟化できないので**永久硬水**といわれる。

陰イオン界面活性剤の中で合成洗剤に使われているものの1つに，アルキルベンゼンスルホン酸のナトリウム塩がある。スルホン酸は強酸であるので，セッケンの場合に見られたような使用上の不都合なこと（セッケンカスの生成など）は起こらない。また，ベンゼン環を持たない，脂肪族の直鎖アルコールの硫酸エステルのナトリウム塩（たとえば，$C_{12}H_{25}OSO_3Na$）も洗剤によく配合されている界面活性剤である。

アルキルベンゼンスルホン酸ナトリウム

Rが直鎖のものはLAS，枝分かれしているものはABSとよばれている。ABSは環境に捨てられた際，微生物による分解を受けにくく，環境を汚染する度合いが大きいため，現在では使用されていない。

(2) 陽イオン（カチオン）界面活性剤

陽イオン界面活性剤の多くは，その親水性部分として第4級アンモニウムイオンを持つ。窒素原子は通常は3つの原子と結合するが7-1節(p.100)で述べたように，非共有電子対を使って4つ目の原子と配位結合することができる。その際，窒素原子は正の電荷を持つようになる。このようなイオンをアンモニウムイオンといい，アンモニウムイオンを含む化合物をアンモニウム塩という。窒素原子に炭素を含む置換基が4つ結合しているイオンが第4級アンモニウムイオンである。陽イオン部分としてピリジニウムイオンなどの環状の窒素化合物が使われることもある。この型の化合物は逆性セッケンとも呼ばれている。強い殺菌作用を示すので医療用に用いられる。

R′
|
R−N⁺−R″
|
R‴

第4級アンモニウム塩

⁺N−R（ピリジン環）

ピリジウム塩

（R：長鎖炭化水素基，R′，R″，R‴：炭化水素基）

(3) 両性イオン界面活性剤

分子内に陽イオン部分と陰イオン部分をあわせて持っている界面活性剤を両性イオン界面活性剤という。たとえば，次のような化学構造をしたものがある。

R′
|　　長鎖炭化水素部分
R−N⁺−……………………………−COO^-　　R, R′, R″はCH_3など
|　　　　　　　　　　　　（$-SO_3^-$）
R″

(4) 非イオン（ノニオン）界面活性剤

親水基として，イオン性ではない官能基を持つ界面活性剤を非イオン界面活性剤という。多くはヒドロキシ基を有し，かつ弱い親水性をもつエステル，アミド，あるいは，エーテル結合を含んでいる。ポリオキシエチレン型がもっとも広く用いられている。

$R\text{-}CO\text{-}(O\text{-}CH_2CH_2)_n\text{-}OH$　　（R：長鎖炭化水素基）

9-2　高分子の化学

私たちの生活は，人工的に産み出されたいろいろ便利な物質によって豊かになってきた。そのなかでプラスチック（合成樹脂）や合成繊維などに使われている高分子物質（高分子化合物）の役割は大きい。また，高分子物質は天然にも多種類のものが存在している。ここでは，合成高分子を例にとって高分子とはどのようなものかを見ていくことにしよう。

9-2-1　高分子とは

原子と原子が共有結合でつながると分子を形成するが，1 つの分子を構成している原子の数に制限があるわけではない。特に炭素原子はいくつも連なることが可能である。原子が数百，数千……つながってできた分子量が数千，数万……あるような分子を**高分子**という。それに対して，分子量の小さな分子は低分子といわれている。通常私たちが利用している高分子は，原子が無秩序につながって分子量が大きくなったものではなく，ある化学構造が繰り返してつながることで大きい分子となったものである。

9-2-2　高分子の成り立ち

低分子が化学反応によりいくつもつながって高分子になることを**重合**という。ここで，もとの低分子を**単量体（モノマー）**といい，重合してできた高分子を**重合体（ポリマー）**という[*1]。ある高分子が，いくつの低分子が重合してできているかということを**重合度**というが，一般の高分子は重合度がまちまちであり，さまざまな分子量の分子の集合体であることが多い。重合にはその反応の形式により**付加重合**や**縮重合**がある。高分子の中で最も簡単なタイプのものは，1 種類の低分子がいくつもつながったものであるが，高分子には 2 種類の低分子がいくつもつながったタイプのものや，第 10 章に述べるタンパク質のように何種類かのよく似た分子がいくつもつながったタイプのものなどもある。

＊1　高分子物質の名称には「多くの」という意味をもつ「ポリ」という接頭語がつけられることが多い。

(1) 付加重合

二重結合を持つ化合物は，二重結合を形作る σ 結合と π 結合（4-2 節，p.48 参照）のうち π 結合が切れて他の原子と結合する反応を起こす。このような反応を**付加反応**[*1]といい，付加反応が二重結合をもつ化合物どうしのあいだで次々と起こることによって重合することを**付加重合**と言う。下の式には，炭素－炭素の二重結合を含むいくつもの分子が，その二重結合を開いてそれぞれ隣の分子と次々と結びついて，長鎖状の分子を作る反応を示した。このようにしてできた高分子は，図中に示した「構成単位」が繰り返されて成り立っているとみなすことができる。

$$\cdots\ \mathrm{(R)(R'')C{=}C(R')(R''')}\quad \mathrm{(R)(R'')C{=}C(R')(R''')}\quad \mathrm{(R)(R'')C{=}C(R')(R''')}\quad \mathrm{(R)(R'')C{=}C(R')(R''')}\quad \mathrm{(R)(R'')C{=}C(R')(R''')}\ \cdots$$

⇩ 付加重合

$$\cdots-\mathrm{C(R)(R'')-C(R')(R''')}-\mathrm{C(R)(R'')-C(R')(R''')}-\mathrm{C(R)(R'')-C(R')(R''')}-\mathrm{C(R)(R'')-C(R')(R''')}-\mathrm{C(R)(R'')-C(R')(R''')}-\cdots$$

←構成単位→

（R, R′, R″, R‴ は H や CH_3 などの置換基を示す）

上の反応は一般に，n 個の単量体から，構成単位が n 個つながったものができるということで，次の式のように表すことができる。

$$n\ \mathrm{(R)(R'')C{=}C(R')(R''')} \longrightarrow \left(-\mathrm{C(R)(R'')-C(R')(R''')}-\right)_n$$

付加重合で作られる代表的な高分子物質とその用途を表 9-1 にあげる。

---

*1　たとえば，低分子の付加反応として次のような反応がある。

$$\mathrm{(H)_2C{=}C(H)_2} \quad \mathrm{H{-}Cl} \longrightarrow \mathrm{H{-}C(H)(H){-}C(H)(Cl){-}H}$$

表 9-1　付加重合で作られる主な高分子物質とその用途

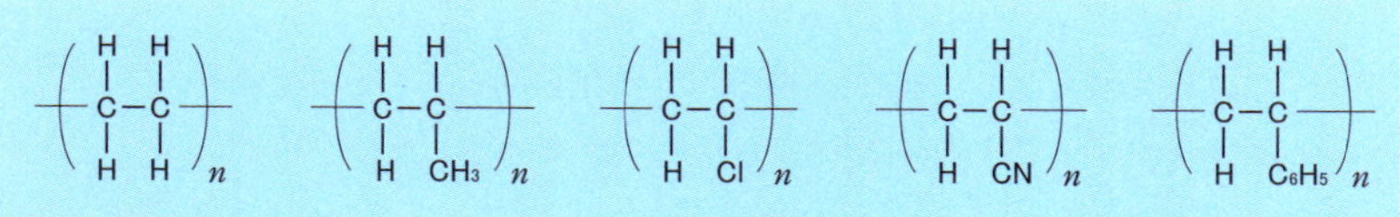

$-\!\left(\text{CH}_2-\text{CH}_2\right)_n\!-$	$-\!\left(\text{CH}_2-\text{CH}(\text{CH}_3)\right)_n\!-$	$-\!\left(\text{CH}_2-\text{CHCl}\right)_n\!-$	$-\!\left(\text{CH}_2-\text{CH}(\text{CN})\right)_n\!-$	$-\!\left(\text{CH}_2-\text{CH}(\text{C}_6\text{H}_5)\right)_n\!-$
ポリエチレン	ポリプロピレン	ポリ塩化ビニル	ポリアクリロニトリル	ポリスチレン
スーパーの袋 家庭用ゴミ袋 ポリバケツなど	食品の保存容器，洗面器，飲料瓶のケースなど	いわゆるビニール製品，電線の被覆，雨樋など	アクリル繊維	発泡スチロール

(2) 縮　重　合

低分子が縮合(小さな分子の脱離を伴って 2 つの官能基が結合する反応)することによりいくつもつながる形式の重合を**縮重合**（**縮合重合**）という。たとえば，ポリエステルという繊維の成分である高分子物質の分子は，次の式に示したように，両端にヒドロキシ基を持っている分子と，ベンゼン環に 2 つのカルボキシ基が結合している分子が，水分子の脱離を伴っていくつもつながることによりできあがる。このような結合は6-5-2 節（p.95）で述べたように**エステル結合**といわれている。

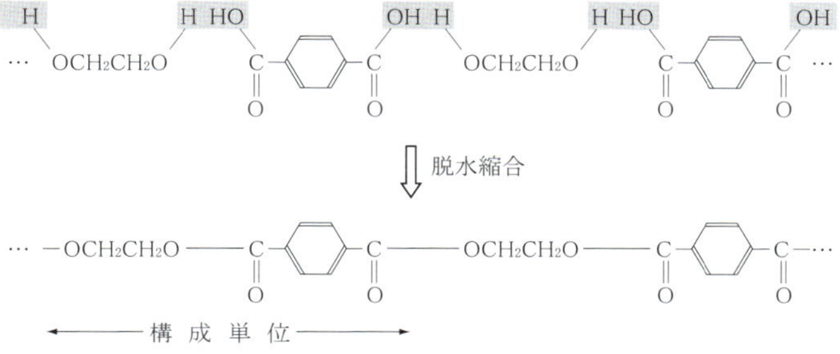

$$\cdots\ \text{H}-\text{OCH}_2\text{CH}_2\text{O}-\text{H}\quad \text{HO}-\underset{\underset{\text{O}}{\|}}{\text{C}}-\text{C}_6\text{H}_4-\underset{\underset{\text{O}}{\|}}{\text{C}}-\text{OH}\quad \text{H}-\text{OCH}_2\text{CH}_2\text{O}-\text{H}\quad \text{HO}-\underset{\underset{\text{O}}{\|}}{\text{C}}-\text{C}_6\text{H}_4-\underset{\underset{\text{O}}{\|}}{\text{C}}-\text{OH}\ \cdots$$

⇓ 脱水縮合

$$\cdots-\text{OCH}_2\text{CH}_2\text{O}-\underset{\underset{\text{O}}{\|}}{\text{C}}-\text{C}_6\text{H}_4-\underset{\underset{\text{O}}{\|}}{\text{C}}-\text{OCH}_2\text{CH}_2\text{O}-\underset{\underset{\text{O}}{\|}}{\text{C}}-\text{C}_6\text{H}_4-\underset{\underset{\text{O}}{\|}}{\text{C}}-\cdots$$

←――― 構 成 単 位 ―――→

ポリエステルの分子は上の式の中で示した構成単位の部分がいくつもつながっているので，次のように表すことができる。その際，構成単位が n 個つながった分子の末端は－COOH か －OH となる。

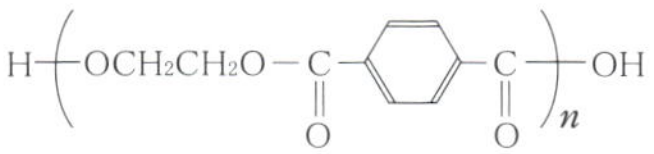

$$\text{H}\!-\!\left(\text{OCH}_2\text{CH}_2\text{O}-\underset{\underset{\text{O}}{\|}}{\text{C}}-\text{C}_6\text{H}_4-\underset{\underset{\text{O}}{\|}}{\text{C}}\right)_n\!-\text{OH}$$

ポリエステルの化学構造

ポリエステルとは，エステル結合によって重合した高分子の総称であり，ここに示したポリエステルは，ポリエチレンテレフタラート（PET）というものである。PET は繊維として用いられるほか，飲料のボトル（いわゆるペットボトル）としても利用されている。

また，両端にアミノ基を持っている分子と，両端にカルボキシ基を持った分子が水分子の脱離を伴って，**アミド結合**をつくることで交互にいくつもつながってできた高分子の1つとしてナイロンがある。ナイロンはタンパク質を成分とする繊維である絹に似た繊維を，人工的に作れないかという発想から産み出された人類最初の合成繊維であり，アミド結合でつながっているという点で10章で述べるタンパク質の化学構造と類似している。

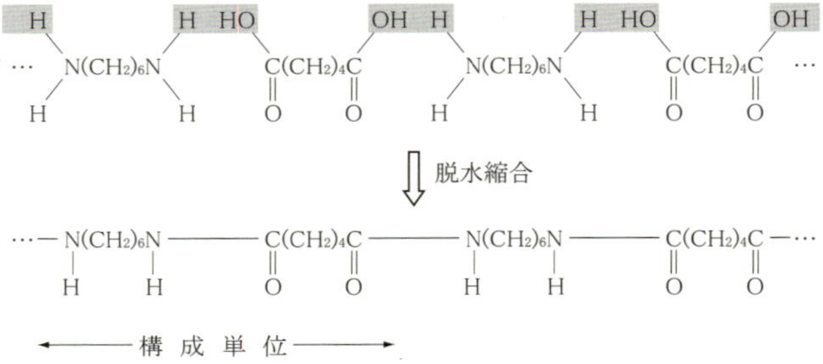

$$\cdots\ \mathrm{H(H)N(CH_2)_6N(H)H}\quad \mathrm{HO{-}C(=O)(CH_2)_4C(=O){-}OH}\quad \mathrm{H(H)N(CH_2)_6N(H)H}\quad \mathrm{HO{-}C(=O)(CH_2)_4C(=O){-}OH}\ \cdots$$

⇩ 脱水縮合

$$\cdots-\mathrm{N(H)(CH_2)_6N(H)}-\mathrm{C(=O)(CH_2)_4C(=O)}-\mathrm{N(H)(CH_2)_6N(H)}-\mathrm{C(=O)(CH_2)_4C(=O)}-\cdots$$

←構成単位→

アミド結合のできかた

アミノ基とカルボキシ基が水分子の脱離を伴った縮合をして，C と N が結合したアミド結合ができる。

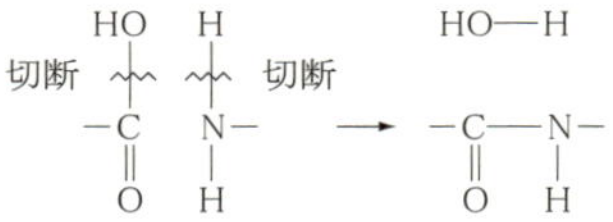

$$-\mathrm{C(=O)}-\mathrm{OH}\ (\text{切断}) + \mathrm{H}-\mathrm{N(H)}-\ (\text{切断}) \longrightarrow -\mathrm{C(=O)}-\mathrm{N(H)}- + \mathrm{HO{-}H}$$

このナイロンの分子を構成単位が *n* 個つながった形で表すと下のようになる。

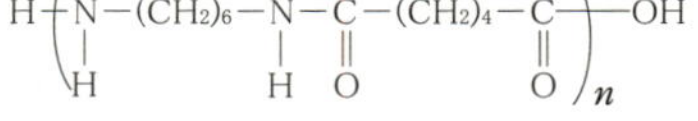

$$\mathrm{H}\!\left(\mathrm{N(H)}-(\mathrm{CH_2})_6-\mathrm{N(H)}-\mathrm{C(=O)}-(\mathrm{CH_2})_4-\mathrm{C(=O)}\right)_n\!\mathrm{OH}$$

ナイロン（ナイロン-6,6）の化学構造

9-3 天然の高分子物質

私たち人間も含め，すべての生物の体は，タンパク質や多糖類や核酸といった多様な高分子物質によって成り立っており，これらは生物が生きていく上でさまざまな役割を果たしている。また人間はこれらの天然の高分子物質を，衣料や食物や建材などとして，衣食住に利用している。これらについては，第10章で詳しく見ることにする。

9-4　色と化学

私たちは，さまざまな色を持ったものに取り囲まれている。これらの色を生みだしている物質についても，「化学の目」でとらえると，その本質に迫ることができる。まず初めに，色とは何かということについて考えてみよう。

9-4-1　色とは何か

可視光線は，電波や赤外線や紫外線などとともに電磁波といわれる波の一種で，その波長がだいたい380 nmから750 nm（1 nm（ナノメートル）$= 10^{-9}$ m）くらいまでのものをいう。そのすべての波長の光が均等に含まれている光が目に入ると，私たちは「白」と感じ，このような光を**白色光**と言う。蛍光灯や太陽光がこれに相当し，このような光が均等に反射される表面（白い紙など）は，白に見える。白色光をプリズムに通すと，波長の違いに応じてさまざまな色の光に分かれる。虹も，空中の水滴によって白色光が各波長ごとの光に分かれたために色が現れたのである。このように白色光から分かれて生じた，ある1つの色（1つの波長）を持った光を**単色光**と言う。単色光の色はその波長で決まっている。光の波長とその光の色の関係を表9-2に示した。たとえば，589 nmの光（トンネル内の照明などに使われるナトリウムランプの光）が目に入ると，人は橙（だいだい）色と感

表9-2　光の波長と色およびその補色

光の波長 (nm)	～380	380～435	435～485	485～500	500～545	545～575	575～585	585～620	620～750	750～
その波長の光の色	(紫外線)	紫	青	青緑	緑	黄緑	黄	橙	赤	(赤外線)
その波長の光が吸収された時感じる色(補色)		黄緑	黄	橙	赤	紫	青緑	青	緑	

じる（p. 27 参照）。

しかし，同じ橙色でも，橙色の液や橙色の物体の場合には，目に入る光は全く違う。ある溶液（物体）が橙色に着色しているのは，白色光があたり，溶液中を通ってくるうち（物体の表面で反射する時）に，主に青から緑色の光が吸収され，残りの色の光線が透過（反射）してくるからである（図 9-4）。つまり，溶液（物体の表面）に色があるのは，光が溶液を透過（物体で反射）する際，ある特定の色の光が吸収され，その残りの色の光が目に入るからである。たとえば，黄色の絵の具と青色の絵の具を混ぜ合わせることを考えてみよう。表 9-2 にあるように，黄色の絵の具は，波長の短い青や紫の光を吸収し，青色の絵の具は，波長の長い黄色から赤色にかけての光を吸収する。この両者を混ぜ合わせると，可視光線の両端の波長領域の部分はともに吸収されてしまって中ほどの緑色の部分の光だけが

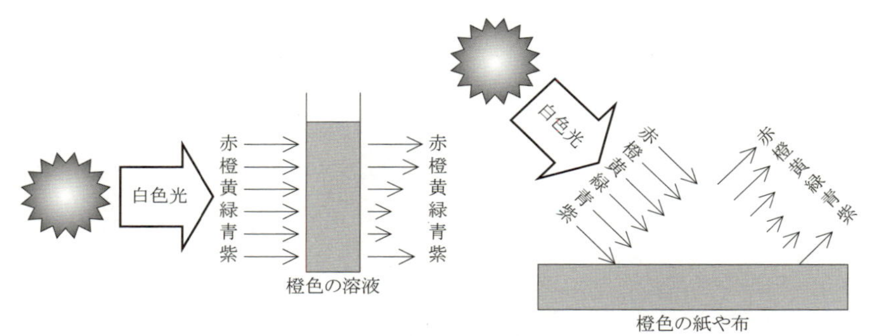

図 9-4　色の見えるわけ

三原色

光の色を波長別に大きく三分割すると，いちばん短い波長の光は青紫，真ん中の波長の光は緑，いちばん長い波長の光は赤になる。この青紫・緑・赤の光をすべて混ぜると全波長の光がそろうので白色光となるが，それぞれを適当な割合で混ぜ合わせることであらゆる色の光を作ることができる。これらは光の三原色と呼ばれ，テレビやパソコンの画面は，この３色の発光体を用いてすべての色を作っている。一方，これら３つの光の色の補色は，それぞれ黄（イエロー），赤紫（マゼンタ），青（シアン）で，これら３色のインクや絵の具を適当に混ぜ合わせることであらゆる色を作ることができる。これらを色の三原色という。プリンタのインクなどは，この３色に黒を加えた４色セットになっているものが多い。色の三原色は、おのおのが光の三原色を吸収してできた色なので、三色を混ぜあわせるとすべての波長の光が吸収されてしまって黒になる。

残る。これが反射光となって我々の目に入る。したがって，黄色の絵の具と青色の絵の具の混合で緑色ができる。

ランベルト－ベールの法則

図 9-5 のように，ある波長の光（単色光）がある溶液を透過するとき，入射光は溶液を通るうちに溶液内の物質（色素など）に吸収されるので，出てきた透過光は弱まった光となる。ここで入射光の強度を I_0，透過光の強度をそれぞれ I とすると，その光の透過率 T(%) は (9-1) 式で表される。

$$T = I/I_0 \times 100 \quad (\%) \tag{9-1}$$

透過率の逆数の対数 A を**吸光度**と定義する（(9-2) 式）と，A は光の透過する溶液層の厚さ l と溶液の濃度 c に比例する（(9-3) 式）。

$$A = \log(I_0/I) \tag{9-2}$$

$$A = \varepsilon c l \tag{9-3}$$

(9-3) 式の関係を，**ランベルト－ベール**（Lambert － Beer）**の法則**という。ここで，c を mol/L，l を cm で表したときの比例定数 ε を**モル吸光係数**（単位；$L \cdot mol^{-1}cm^{-1}$）とよぶ。ε は物質に固有の値であり，光の波長，温度に依存する。したがって，A の値を分光光度計を用いて測定すれば，溶液の濃度を知ることができる。また，各波長の光について A を測定すれば，図 9-6 のようなグラフが得られる。これを吸収スペクトルという。

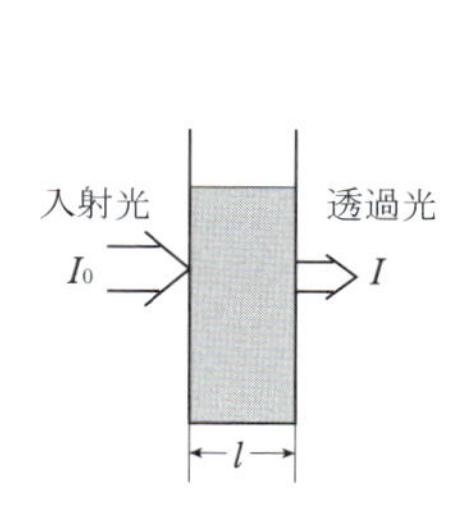

図 9-5　光の透過

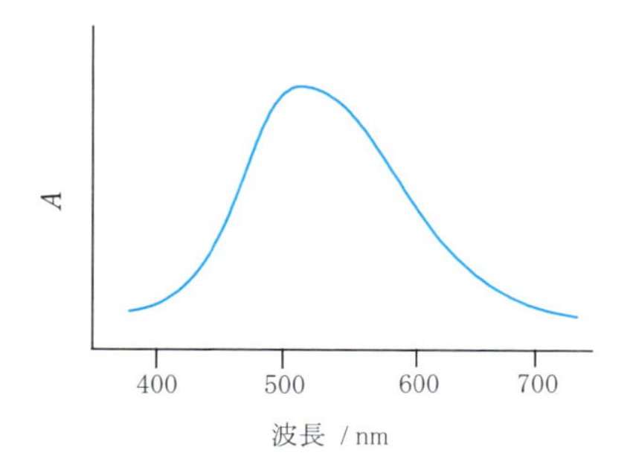

図 9-6　吸収スペクトル（赤色の溶液の場合）

9-4-2　色を持つ物質

分子内に C=C，C=O，N=N，N=O などの二重結合をもつ物質は，紫外線や可視光線を吸収する。吸収される光が可視光線の場合，私たちはその物質が色を持つというふうに認識する。紫外線や可視光線を吸収して色を生み出すもとになる官能基を**発色団**という。発色団が異なれば吸収される光の波長も当然異なるが，同じ発色団を持つ化合物でもその分子全体の化学構造の違いによって吸収される光の波長は異なる。たとえば，いくつかの二重結合が，その間に単結合をはさんで連なっている化学構造を共役系（4-2 節，p.51 参照）というが，共役系では，発色団である二重結合が独立して存在する場合と比べ吸収が長波長側にシフト[*1] し，吸収の強度が増大する。そのために単独では紫外線しか吸収できなかった発色団も，長波長シフトにより可視光線を吸収するようになり，色をもつことになる。また，さまざまな官能基が結合することによって，発色団の吸収波長（色）や吸収強度が変化することも知られている。このような官能基を**助色団**（$-OH$, $-NH_2$，$-NHCH_3$，$-N(CH_3)_2$，$-COOH$, $-SO_3H$ などがある）という。

いくつかの色素や染料の分子の化学構造を図 9-7 に示した。オレンジII の場合は，発色団であるアゾ基（$-N=N-$）にベンゼン環とナフタレン環が結合し，アゾ基の二重結合に共役している。また，$-OH$ と $-SO_3Na$ は助色団であるが，$-SO_3Na$ はイオン性（$-SO_3^-$ と Na^+ に電離する）で

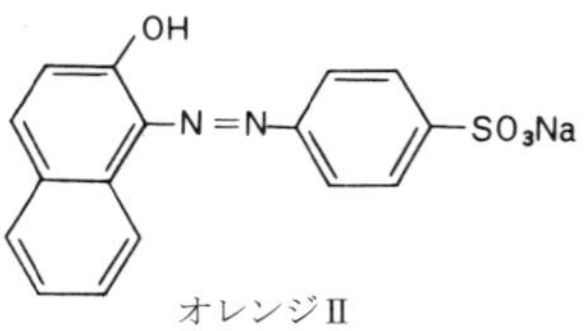

オレンジII

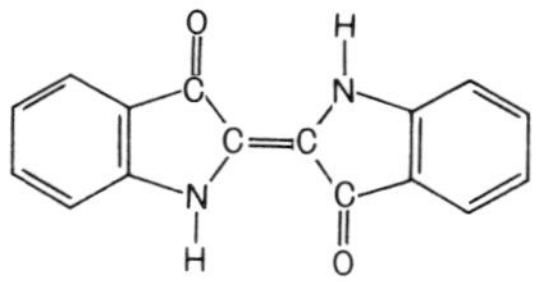

インジゴ

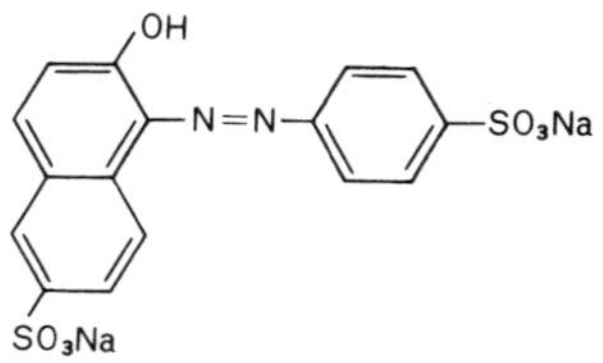

食用黄色 5 号

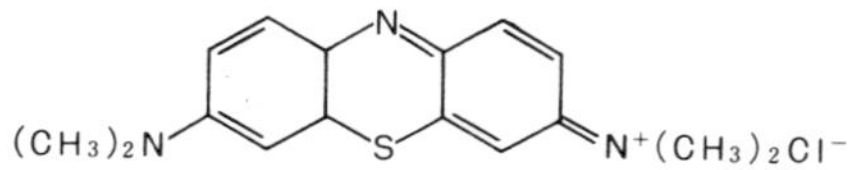

メチレンブルー

図 9-7　代表的な染料と食用色素の構造

＊1　吸収波長がより長波長側に変化することを長波長シフト（レッドシフト）といい，そのために色が深くなる（深色効果）。その逆を短波長シフト（ブルーシフト），浅色効果という。なお，緑，青，紫などの色を深い色，赤，黄などの色は浅い色という。

あるため，この染料を水に溶かしたり，繊維中の正のイオン性官能基（たとえばアミノ基にH^+が結合した$-NH_3^+$）と静電的に引き合って，染料を繊維に吸着させる役割も果たしている。この例でもわかる通り，色を持つ物質のうち繊維と親和力のあるものが染料として利用される。インジゴは天然の染料である藍の成分であるが，現在では化学的に合成されたものが主にジーンズの染色などに使われている。

また，彩色のために使われる化合物のうち，水や有機溶剤に不溶性のものを一般に**顔料**という。この中には，不溶性の有機化合物や，金属酸化物などの無機化合物（酸化鉄（Fe_2O_3，べんがら；赤）や酸化チタン（TiO_2；白）がある。これらの微粉末を適当な媒体に分散させて，塗料やインクとして用いる。

上でみた顔料の例や，銅のさびである緑青が緑色をしていることなどからもわかるように，重金属化合物には色をもつものが多い。ステンドグラスなどの色ガラスや陶磁器の釉薬（ゆうやく）（うわぐすり）にも重金属化合物が使われているし，乾燥剤のシリカゲルの中には青色の塩化コバルト（$CoCl_2$）が混ぜてあるものがある。金属イオンの持つ色は，そのイオンに配位しているものによって異なり，コバルトイオン（Co^{2+}）に水分子が配位するとピンク色を呈する。このことを利用して，シリカゲルが乾燥剤として有効かどうかを知ることができる。

$$CoCl_2 \text{（ブルー）} \longrightarrow CoCl_2 \cdot 6H_2O \text{（ピンク）}$$

乾燥状態　　　　　　　　　湿った状態

光が吸収されるとはどういうことか

ある分子が，紫外線や可視光線を吸収するということは，その分子が光のもつエネルギーを獲得して，その電子状態が変化するということである。光を吸収する前の分子の状態を**基底状態**（きてい），光を吸収して高いエネルギーを持った分子の状態を**励起状態**（れいき）という。基底状態と励起状態とのエネルギーの差は，その分子に特有で，そのエネルギーに相当する波長の光[*1]が吸収される。光を吸収して高エネルギーを得た励起状態の分子

---

*1　光は粒子（その粒子を光子という）と波との二面性を持っている。光子1粒の持つエネルギーは，その光の波長で決まっており，波長の短い光ほどそのエネルギーは高い。

は，そのエネルギーを光（蛍光やりん光）や熱の形で放出して基底状態の分子に戻る。蛍光灯は，放電管が出した紫外線が管内の蛍光物質にあたり，この蛍光物質が励起され，そこから可視光が放出されるために光っているのである。また，励起状態の分子は分解したり他の分子と反応しやすくなる。光にあたると色素の色が次第にあせてくるのは，この理由による。

蛍光増白剤

マロニエの実の殻の抽出液に浸した麻の布が白くなることが見い出されたことが発端となって，**蛍光増白剤**が布や紙を白く見せるために使われるようになった。表 9-2 からもわかるように，紫色～青色の光が吸収されると反射光は黄色く見える。つまり，黄ばんだ布はその反射光に紫色～青色が不足している。蛍光増白剤は，目に見えない紫外線を吸収して得たエネルギーを，青紫色の蛍光として発する化合物である。したがって，黄ばんだ布につくと，不足している紫色～青色の光を補うことになりその布を輝くばかりの白にみせる。これが**蛍光増白**である。蛍光増白は着色物質を分解してしまう漂白とは全く別のものであることに注意しなければならない。

炎色反応

炎の中にアルカリ金属やアルカリ土類金属などの塩を入れると，揮発して生成した金属原子が，炎から熱エネルギーを得て高エネルギー状態となり，そのエネルギーを光エネルギーの形で放出する発光現象が見られる。これを**炎色反応**という。その放出エネルギーの値は，その金属元素によって決まっており，炎色反応によって出る光の色は，その金属元素に特有のものである。たとえば，リチウム（Li）は深紅色，ナトリウム（Na）は黄色，カリウム（K）は紫色，カルシウム（Ca）はだいだい色，ストロンチウム（Sr）は赤色，バリウム（Ba）は黄緑色，銅（Cu）は青緑色を発する。花火の色は炎色反応を利用したものである。

宝石の色

　ダイヤモンドの輝き，ルビーの紅，エメラルドのグリーン，サファイアの青･･･。あれはどこから出てくるのだろうか？　有機化合物の発色が発色団や助色団の電子の動きによって生み出されているのとは異なり，無機化合物である宝石の色は**格子欠陥**という現象が原因になっている。図 2-1，図 2-3，図 2-4(p.10,11) や図 5-13(p.69) に示されているように，結晶というものは，原子 (あるいは分子) が規則正しく配列されることによってできあがっている。ところが，結晶ができるときに原子のうちのどれか 1 つがなくなることがある。あるいはここに異質のものが入りこむことがある。こうなってくると，結晶の中を走りまわっていた電子の動きにひずみが生ずる。このひずみが色の出る原因となっているのである。例えば，酸化アルミニウム（Al_2O_3）の結晶に，ほんのわずかのクロムイオン（Cr^{3+}）が混入すると紅色のルビーとなり，鉄イオン (Fe^{3+}) などが混入すると青色のサファイアとなる。ダイヤモンドは，炭素原子のみが規則正しく結びついて分子結晶を作っているものは無色透明の輝きを放つが，この結晶に格子欠陥が生じているものはピンクやブルーに色づき，かえって希少価値が出る場合がある。

■　演習問題

1）　$C_{17}H_{35}COO^-$は界面活性剤となるが，$C_3H_7COO^-$はならない。その理由を述べよ。

2）　次の反応式を完結せよ。

$$CH_3CH_2COOCH_2CH_3 + H_2O \xrightarrow[\text{加水分解}]{}$$

$$CH_3CH_2COOH + CH_3NH_2 \xrightarrow[\text{脱水縮合}]{}$$

3）　表 9-1 に示した高分子物質の原料となる低分子物質の構造式を書け。

4）　2 分子のアラニンをアミド結合でつなぐ反応を反応式で示せ。

5）　アラニンは pH 3 および pH 12 の溶液中では，主にどのような化学構造で存在していると考えられるか。

6）　ポリエステルの繊維を水酸化ナトリウム水溶液に浸したら，どのようなことが起こると考えられるか。

10 生命の化学

動物，植物を問わず，生命体の内部は多種多様の化学反応が最もダイナミックに起こっている場所である。それぞれの生命体は，外部から取り込んだ物質を次々と変化させながら自らの命を維持し，子孫を残すための営みを行っている。その営みは生物の種(しゅ)によってさまざまであるが，使われる「部品」としての分子は，原始的な生命体から高等生物に至るまでほぼ共通している。これらは，ほとんどが炭素原子を含む化合物，すなわち有機化合物の分子である。2-5 節で述べたように，炭素原子はいくつもつながることができるという特徴を持つうえ，価数が 4 価であることから，炭素原子を用いることで，小さなものから巨大なものまで実に多様な分子を作り上げることができる。生物が，その構成分子に炭素原子に基づく分子を使うという戦略を採用したことはまさに理に適ったことであり，自然の巧妙さには驚嘆させられる。この章では，生体内で重要な役割を果たしている 3 種類の高分子化合物，タンパク質，多糖類，核酸について見てみる。大ざっぱに言うと，タンパク質は体の機能調節役，多糖類はエネルギー源，核酸は情報の担い手としての役割がある。

また，ビタミンやホルモンなど，高分子化合物ではないが，生物の生存にとって必須である物質も数多い。ここでは，これらの物質についても触れる。

10-1 タンパク質

タンパク質は**アミノ酸**という低分子が脱水縮合によりいくつもつながってできた高分子化合物である。では，アミノ酸とはどんな物質なのであろうか。

10-1-1 アミノ酸

アミノ酸とは，アミノ基とカルボキシ基を1つの分子内に持った低分子化合物の総称である。このうち，天然のタンパク質を構成するアミノ酸は，1つの炭素原子にアミノ基とカルボキシ基が結合しているα-アミノ酸という種類のものである。その一般的な化学構造式を下に示した。Rの違いによっていろいろなアミノ酸があるが，主なものを表10-1に示した。天然のタンパク質を構成するα-アミノ酸は20数種である。

$$H-\overset{\displaystyle COOH}{\underset{\displaystyle NH_2}{C}}-R$$

表10-1 主なα-アミノ酸

名称(略号)	R	名称(略号)	R
中性アミノ酸			
グリシン(Gly)	$-H$	アラニン(Ala)	$-CH_3$
バリン(Val)†	$-CH(CH_3)_2$	ロイシン(Leu)†	$-CH_2CH(CH_3)_2$
イソロイシン(Ile)†	$-CH(CH_3)CH_2CH_3$		
セリン(Ser)	$-CH_2OH$	トレオニン(Thr)†	$-CH(OH)CH_3$
フェニルアラニン(Phe)†	$-CH_2-C_6H_5$（ベンゼン環）	チロシン(Tyr)	$-CH_2-C_6H_4-OH$（ベンゼン環）
システイン(Cys)	$-CH_2-SH$	メチオニン(Met)†	$-CH_2CH_2-S-CH_3$
シスチン(Cys－Cys)	「脚注に全構造式」		
アスパラギン(Asn)	$-CH_2CONH_2$	グルタミン(Gln)	$-CH_2CH_2CONH_2$
トリプトファン(Trp)†	$-CH_2-$（インドール環，N-H）	プロリン(Pro)	「脚注に全構造式」
酸性アミノ酸			
アスパラギン酸(Asp)	$-CH_2COOH$	グルタミン酸(Glu)	$-CH_2CH_2COOH$
塩基性アミノ酸			
リジン(Lys)†	$-(CH_2)_4NH_2$	アルギニン(Arg)	$-(CH_2)_3NHC(=NH)NH_2$
ヒスチジン(His)	$-CH_2-$（イミダゾール環，HN, N）		

† 人の体内で作れないので直接摂取しなければならないアミノ酸（**必須アミノ酸**）

シスチン：$HOOC-CH(NH_2)-CH_2-S-S-CH_2-CH(NH_2)-COOH$

プロリン：CH_2-CH_2, H_2C, $CH-COOH$, $N-H$（五員環）

グリシン以外のα-アミノ酸分子の中心の炭素原子には4つの異なる基（置換基）が結合しているので，4-3節で説明したようにL型とD型の2つの鏡像異性体が存在する。天然に存在するα-アミノ酸は、ほんのわずかの例外を除いてL型であり，L型のアミノ酸のみが生物にとって価値があるということになる（4-3節，p.56参照）。

アミノ酸は1つの分子の中に，H^+を放出することのできる酸性の官能基であるカルボキシ基と，H^+を受けいれることのできる塩基性の官能基であるアミノ基を持っている。そのため分子内でH^+の授受が行われ，結晶状態のアミノ酸は，下の式の中央に示した両性イオン型となって存在している。水中では，pHの小さい場合，つまり酸性側のH^+濃度の高い場合はCOO^-はH^+を受け入れるので陽イオン型で存在し，一方，pHが大きい場合，つまりアルカリ性側のH^+濃度の低い場合はNH_3^+からH^+が離れるので陰イオン型となって存在する。その途中の，アミノ酸が陽イオン型でも陰イオン型でもない境目のpH，すなわち電気的に中性の両性イオン型で存在しているpHを，そのアミノ酸の**等電点**という。

$$H_3N^+-\underset{H}{\overset{R}{C}}-COOH \underset{+H^+}{\overset{-H^+}{\rightleftharpoons}} H_3N^+-\underset{H}{\overset{R}{C}}-COO^- \underset{+H^+}{\overset{-H^+}{\rightleftharpoons}} H_2N-\underset{H}{\overset{R}{C}}-COO^-$$

陽イオン型　　両性イオン型　　陰イオン型

←酸性側（pH：小）　　アルカリ性側（pH：大）→

10-1-2　アミノ酸とアミノ酸との結合

2つのアミノ酸は，一方のアミノ酸のカルボキシ基と，もう1つのアミノ酸のアミノ基が脱水縮合してアミド結合を形成することによってつながることができる。このような結合は**ペプチド結合**[*1]ともいわれる。数百，数千……と多数のアミノ酸がペプチド結合でつながって高分子であるタンパク質分子が作られる。アミノ酸には，1つの分子内に，2つの反応できる官能基（アミノ基とカルボキシ基）があるので，両側にどんどんつながって高分子を形成することができるのである。

*1　2つまたはそれ以上のアミノ酸が、このような形式でつながった化合物を一般に**ペプチド**という。

```
      R                 R′                       R″                 R‴
      |                 |                        |                  |
H－N－C－C－OH  H－N－C－C－OH  ……  H－N－C－C－OH  H－N－C－C－OH
   |  |  ||        |  |  ||            |  |  ||         |  |  ||
   H  H  O         H  H  O             H  H  O          H  H  O

                        ⇩ 脱水縮合

      R                 R′                       R″                 R‴
      |                 |                        |                  |
H－N－C－C――――――N－C－C――――……――――N－C－C――――――N－C－C－OH
   |  |  ||        |  |  ||            |  |  ||         |  |  ||
   H  H  O         H  H  O             H  H  O          H  H  O

N-末端                                                        C-末端
```

図 10-1

10-1-3　タンパク質の化学構造

タンパク質の化学構造は，どのようなアミノ酸がどういう順序でつながっているかというアミノ酸配列で表現することができる。これをタンパク質の**一次構造**という。しかし，タンパク質分子はアミノ酸が一列に並んだだけの細長い分子ではなく，ある部分では規則正しくらせんを巻いたり，また別の部分では適当に折り畳まれたり絡み合ったりして，そのタンパク質特有の空間構造が保たれている。また，複数のタンパク質分子が集まって1つの分子のようになっている場合もある。タンパク質の「かたち」や機能を決めているのはこのような複雑な構造である。このような構造をタンパク質の**高次構造**という。例として，図 10-2 にヘモグロビンの構造を示した。

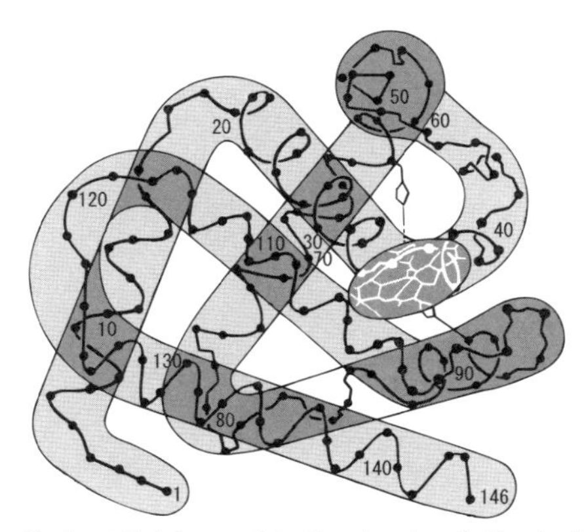

タンパク質は，アミノ酸（●で示されている）がいくつもつながった「鎖」のような分子で，その「鎖」は複雑にからみあっている。ヘモグロビンはこの図のような形をしたタンパク質が4つ集まって成り立っている。円盤状の部分がヘムという低分子の部分である。

図 10-2　ヘモグロビンの β 鎖

クロマトグラフィー

タンパク質のアミノ酸組成，つまり，あるタンパク質がどういうアミノ酸からできているかは，タンパク質を強酸によって加水分解し，得られる各種のアミノ酸の混合物を，**クロマトグラフィー**という方法で分析することで調べられる。クロマトグラフィーの原理は，2つの相の間に，試料中の成分がそれぞれ異なった割合で分配されることに基づく。この2つの相のうち片方は静止しており（固定相という），もう一方はその静止している固定相のすき間を通り，ある方向へ移動している（移動相という）。その移動相の動きに引っ張られて試料の各成分も動く。このとき，固定相に引きとめられる力が成分によって違うために，移動速度が各成分によって異なる。その結果，分離がおこなわれる。クロマトグラフィーには固定相と移動相の違いによりさまざまな種類があり，物質の分離，精製，同定，定量を行うのに，試料の性質に応じて使い分けられる。最も簡便なクロマトグラフィーである、ペーパークロマトグラフィーの原理を図10-3に図示した。ここでは，ろ紙に含まれる水が固定相となり，展開溶媒が移動相となる。

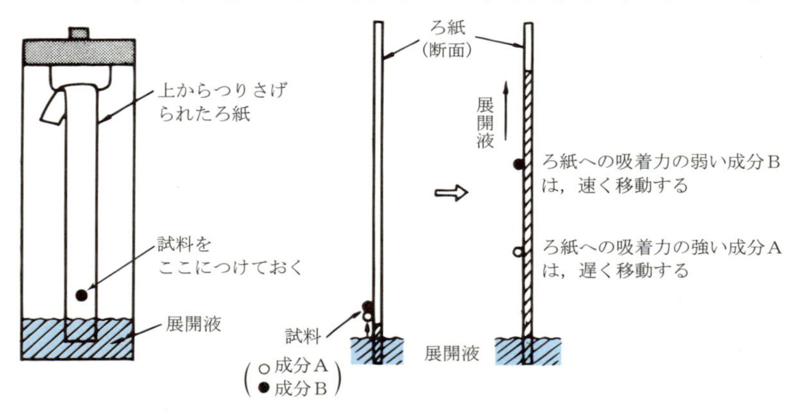

図10-3　ペーパークロマトグラフィー

機器分析としてよく使われるクロマトグラフィーには，ガスクロマトグラフィー（GC）や液体クロマトグラフィー（LC）がある。GCの装置の概略を図10-4に示した。試料を移動相であるキャリヤーガスの流れの中に導入すると試料は一瞬のうちに気化し，キャリヤーガスに運ばれてカラムという管の中に入る。カラムの中の内壁には，試料中の各成分を分離する役割をする物質がコーティングされていて，その中を移動する速度は各成分により異なる。したがって，移動速度の速い成分から順番に検出器のある出口に達する。検出器は，物質がやってくると，その量に応じて電気信号を記録計に送る。こうして，物質がカラムを通過するのに要する時間（保持時間という），およびその物質の量を知ることができる。移動相として液体を用いるものは液体クロマトグラフィー（LC）とよばれる。高圧ポンプを用いて，それをさらに高精度に行えるようにしたものを高速液体クロマトグラフィー（HPLC）という。

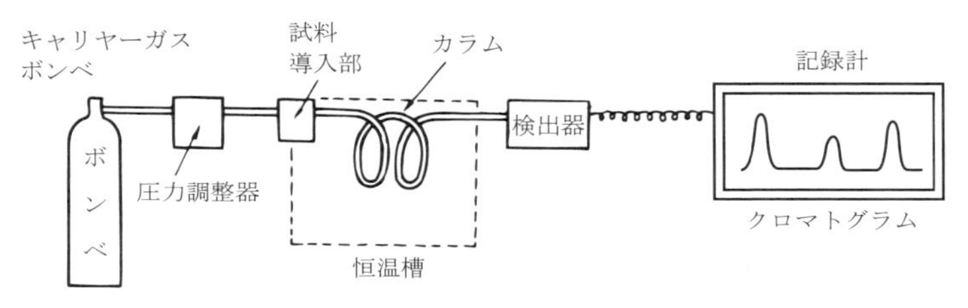

図 10-4　ガスクロマトグラフィーの装置

10-1-4　タンパク質の種類

20種類ものアミノ酸が数百個つながった場合，そのつながり方には無限ともいえる組合せが可能である。実際，タンパク質には極めて多数の種類があり，その役割もさまざまである。生物の組織を作っているタンパク質には毛髪や獣毛の成分として重要なケラチンや，絹の成分であるフィブロインなどがある。血液の赤血球に含まれ，酸素を運ぶ役割をもつヘモグロビンは，鉄原子を含むヘムという低分子が，タンパク質であるグロブリンと結合している（図 10-2)。また，血液中には血清アルブミンや免疫に関係するグロブリンなどが含まれている。筋肉はアクチンやミオシンとよばれるタンパク質からできている。

生物がさまざまな機能を営んでいくには多くの物質の変化、すなわち化学反応が必要であるが、これらの反応は酵素とよばれる一群のタンパク質が触媒として働くことによって起こる（6-4節 p. 91参照)。生体内のいろいろな化学反応に対応してそれぞれ特有の酵素がある。たとえば，食物としてのタンパク質は，摂取されると消化酵素[*1]によりペプチド結合が加

＊1　消化酵素のうち，タンパク質のペプチド結合の加水分解に働く酵素は**プロテアーゼ**と総称される。脂質に含まれるエステル基の加水分解に働く酵素は，**リパーゼ**と総称される。また，デンプンのグルコシド結合（p. 151参照）の加水分解に働く酵素は**アミラーゼ**とよばれる。

水分解され，アミノ酸に分解されて吸収される。このような加水分解を実験室で行う場合は，強酸や強アルカリを触媒にして加熱するという過激な条件で行わないと進行しないが，生体内では酵素の触媒作用によって穏やかに進行する。第6章でも述べたように，化学反応は反応物質どうしが都合のよい向きに衝突し，その際与えられるエネルギーが，反応の活性化エネルギーより大きくなければ起こらない。酵素は反応物質がぴったりとはまりこむ部分を持っており，それらを取り込んで反応が起こりやすいように，反応物質どうしをうまく配向させたり，低い活性化エネルギーで反応が起こるように手助けをしたりする（図10-5）。

この作用は，いろいろな種類の官能基を含む，いく種類ものアミノ酸がつながった高分子が，三次元的にうまく折り畳まれた構造を形作っているタンパク質だからこそ可能なのである。

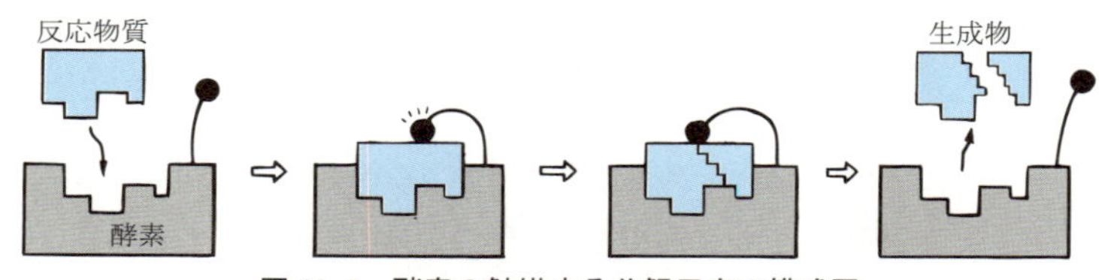

図 10-5　酵素の触媒する分解反応の模式図

10-1-5　タンパク質の性質

タンパク質はアミノ酸がいくつもつながった構造をした高分子物質であり，その分子の鎖は複雑に折りたたまれていることはすでに述べた。このような高次構造は熱や薬品の作用によってくずれ，そのためにタンパク質は凝固したり，性質が変化することがある。このような現象をタンパク質の**変性**という。鶏卵を加熱すると固まるのはその代表例である。また，水溶液中のタンパク質は塩類を加えると沈殿する（このことを**塩析**という）性質がある。これは大豆タンパク質から豆腐を製造することなどに応用されている。

タンパク質の存在を確認するために，古くから呈色反応が用いられている。タンパク質の水溶液に水酸化ナトリウム溶液と硫酸銅溶液を加えると赤紫色を示す反応は，ビウレット反応といわれている。また，タンパク質が濃硝酸と反応して黄色を呈するキサントプロテイン反応や，ニンヒドリンと反応して紫色を呈するニンヒドリン反応などがある。

タンパク質は分子の鎖の末端にカルボキシ基やアミノ基をもっており，またアミノ酸の側鎖（表 10-1，p.144 のアミノ酸の構造における R）にも酸性の官能基や塩基性の官能基を含んでいる。これらの官能基は、水素イオン H^+ を受け取ったり放出したりすることができるので，タンパク質分子は，全体として正に帯電したり負に帯電したりする。水素イオンの結合や脱離は水溶液の水素イオン濃度，すなわち pH に依存している。タンパク質の正に帯電した部分と負に帯電した部分の数が等しくなり，タンパク質全体として電気的に中性となるような pH をタンパク質の**等電点**という。

10-2　多　糖　類

生物（特に植物）の組織を形成している重要な高分子物質の 1 つに**多糖類**がある。多糖類の分子は低分子化合物である**単糖類**の分子がいくつもつながった高分子である。ここではデンプンと，木綿やパルプの成分であるセルロースを取り上げて化学の目でながめてみることにしよう。

デンプンもセルロースも酸の中で加熱して加水分解をするといずれもグルコース（ブドウ糖）が生成する。つまり，この 2 つの物質の分子はグルコースがいくつもつながった高分子である。ところが，セルロースは人の食物にはならないがデンプンは人の体内で消化される，あるいはセルロースは繊維質であるがデンプンはそうではない，といったように両者の性質は異なっている。それは，この 2 つの多糖類はその構成単位であるグルコースのつながり方が違うためである。まずグルコースについて考えてみよう。

10-2-1　グルコース

グルコースは $C_6H_{12}O_6$ という分子式で表される単糖類である。その化学構造は図 10-6 の中央に示したように，5 つの炭素からなる骨格にホルミル基（－CHO）とヒドロキシ基（－OH）が結合した鎖状構造をとることもできるし，ヒドロキシ基の 1 つがホルミル基のところで結合した環状構造をとることもできる。ふつうは，より安定な環状構造で存在している。環状構造のものには，環のできかたにより，α-D-グルコースとβ-D-グルコースとよばれる2種類のものがあり，水溶液中でこれら2つは平衡状態にある。グルコースの構造式は図10-6にも示したように，6員環を作る炭素原子とそれに結合している水素原子を省略して簡略化した形で書くことが多い。

グルコースは生体内で，複雑な経路を経て最終的に水と二酸化炭素に分解される。この過程で，グルコース分子内の結合エネルギーが生物が利用できるかたちのエネルギーに変えられる。つまり，グルコースは生物活動のエネルギー源を供給するという，重要な役目を担っている。

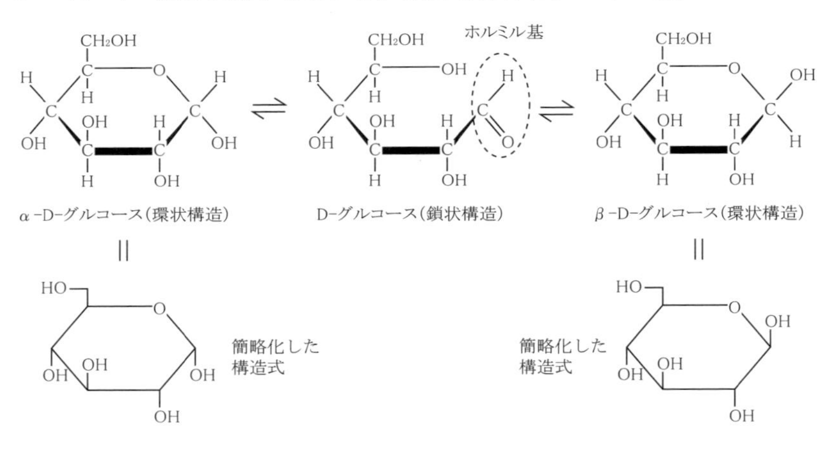

図10-6　グルコースの構造式と水溶液中での平衡

10-2-2　デンプン

2分子のα-D-グルコースは，脱水縮合によって図10-7のように結合することができる。これを，グルコシド結合という。このような結合でグルコースが数千個つながった直鎖状の分子は，アミロースといわれる。また，アミロースよりやや大きく，グルコースがところどころ枝分かれしてつながった分子はアミロペクチンといわれる（図10-8)。デンプンはこのアミロペクチンとアミロースの混ざったものである。デンプンはヨウ素 (I_2) と反応して青紫色を呈する（**ヨウ素デンプン反応**)。

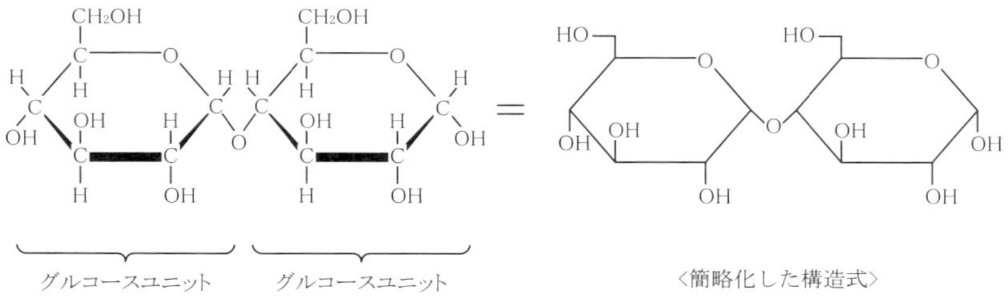

グルコースユニット　グルコースユニット

〈簡略化した構造式〉

図 10-7　2 分子の α-D-グルコースの結合

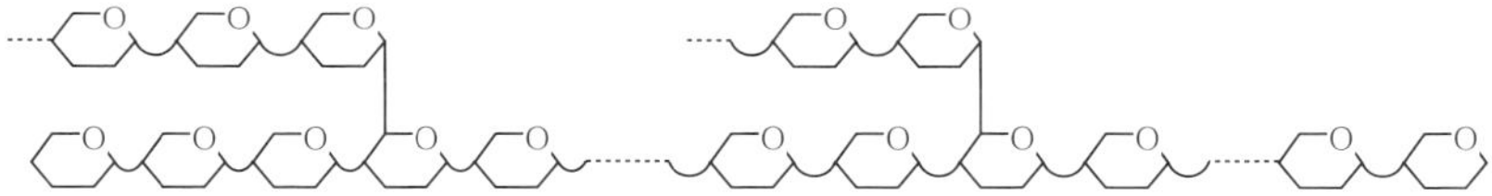

図 10-8　アミロペクチンの化学構造の模式図（⬡はグルコースを表す）

10-2-3　セルロース

2 分子の β-D-グルコースは，図 10-9 のように結合することができる。このような結合でグルコースが数千から数万個つながってできた直鎖状の分子を，セルロースという（図 10-10）。セルロースは直鎖状の分子であるので束になって繊維を作る。木綿や麻，またパルプを原料にして作られた再生繊維であるレーヨンの成分はこのセルロースである。

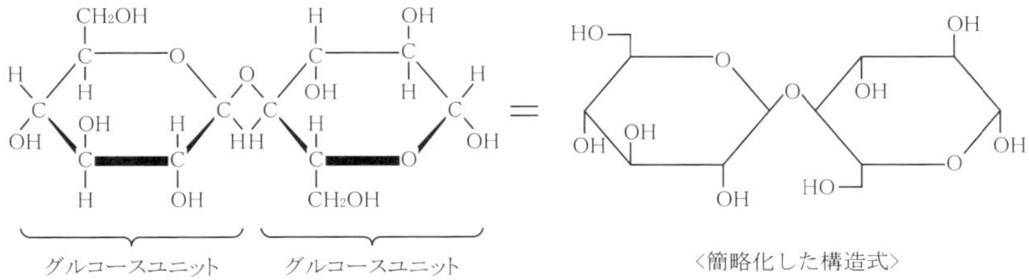

グルコースユニット　グルコースユニット

〈簡略化した構造式〉

右側のグルコースユニットが図 10-6 に示したのと逆向きになっていることに注意

図 10-9　2 分子の β-D-グルコースの結合

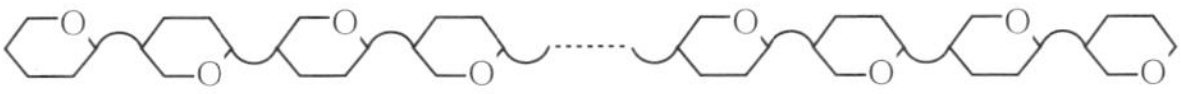

図 10-10　セルロースの化学構造の模式図（⬡はグルコースを表す）

10-2-4　グリコーゲン

グリコーゲンは，動物に見られる多糖類で，デンプンと同様，数千から数万個のα-D-グルコースがグルコシド結合でつながってできている。デンプンのアミロペクチンよりさらに多く枝分かれしているのが特徴である。食物を摂取して余ったグルコースはおもに肝臓で重合反応を受け，グリコーゲンとなって貯蔵される。エネルギーが必要となったとき，グリコーゲンが加水分解され，グルコースが供給される。

10-3　核　酸

生物の遺伝情報の維持，伝達，またその情報の発現に重要な役割を担っている物質として，**核酸**という高分子物質がある。図 10-11 に模式的に示したように，核酸は，糖とリン酸が交互に繰り返しつながり，塩基といわれる部分が糖に結合してできている。ここで，糖と塩基とリン酸の三者が結びついたものを**ヌクレオチド**という。つまり，核酸とは，ヌクレオチド

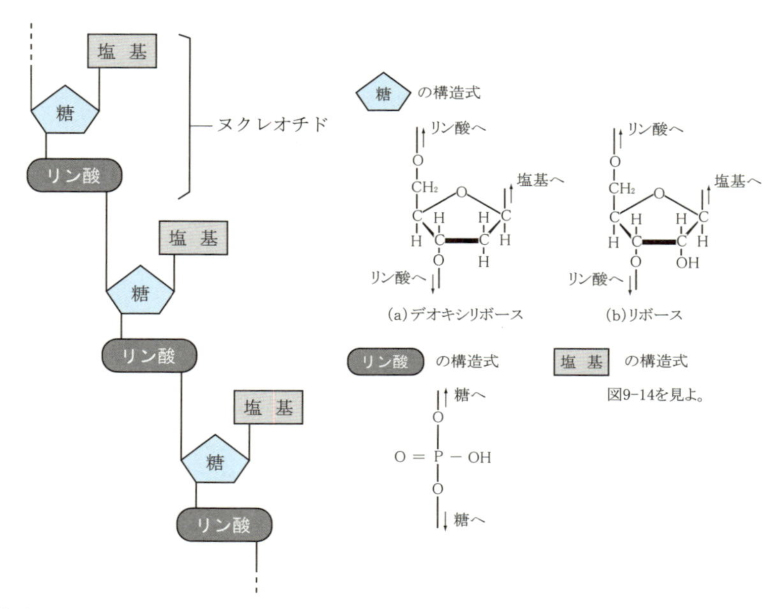

核酸は，ヌクレオチドの重合体（ポリヌクレオチド）である。DNA の糖部分はデオキシリボース（a）である。なお，糖部分がリボース（b）のものは RNA と呼ばれる核酸である。

図 10-11　核酸の構造（模式図）

という構成単位が縮重合してできたもの（**ポリヌクレオチド**）である。核酸には，糖部分の違う**デオキシリボ核酸**（**DNA**）と**リボ核酸**（**RNA**）の2種類があり，これらはその成り立ちや生体内での役割が異なる。

10-3-1　DNA（デオキシリボ核酸）

DNAは細胞核に存在し，糖部分としてデオキシリボースという糖をもっている。DNAを構成する塩基の種類は図10-12に示した4種類のみである。したがって，これら4種類の塩基がそれぞれ糖・リン酸と結合したヌクレオチドも4種類しかない。しかし，DNAはとてつもなく巨大な（長い）高分子化合物で，たとえばヒトを含めた高等動物の場合，数十億個ものヌクレオチドが並んでできている。これらのヌクレオチドはどのような順番にも並ぶことができるので，DNAには4種類のヌクレオチドの数とその

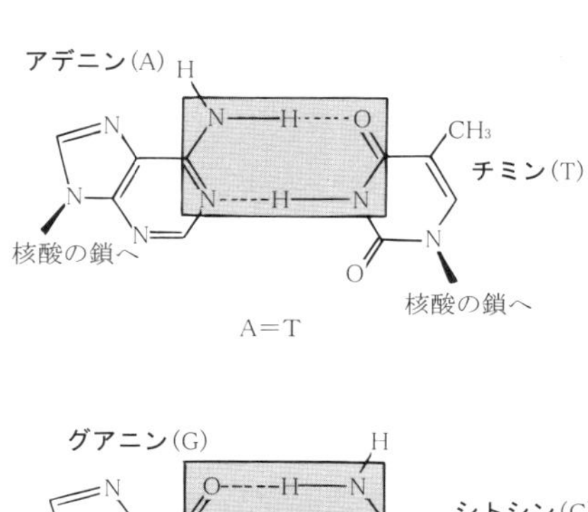

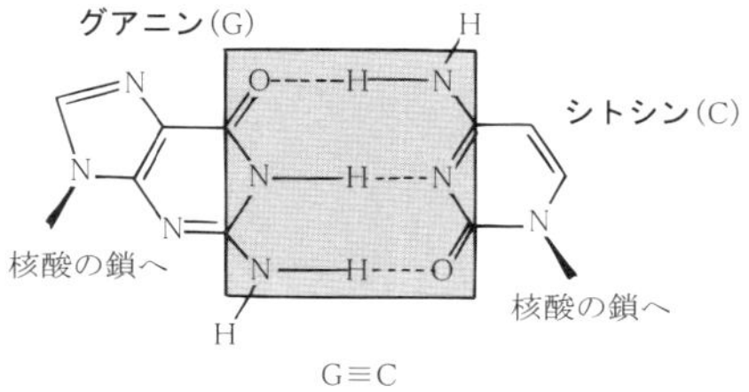

-----は，水素結合を表す。塩基の環構造の中の炭素原子（C）と水素原子（H）を省略した書き方で示した。

図10-12　DNAを構成する4種類の塩基とこれらの間に形成される塩基対

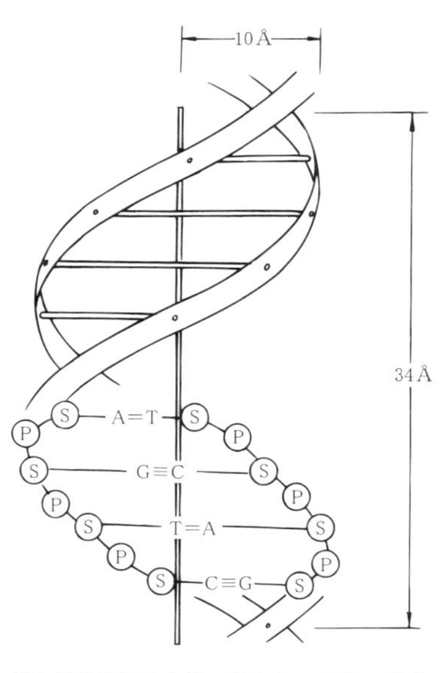

異なる2通りの方法で示した。下部の図は，糖部分Sとリン酸部分Pが交互に並んで「鎖」となり，それから突き出た塩基（A, C, G，T）が塩基対を形成している様子を表している。上部の図は，この構造を簡略化して示したものである。

図10-13　DNAの二重らせん

並び方の違いによって，無数ともいえる多くの種類がある。ヌクレオチドの並び方，つまり塩基部分の並び方（**塩基配列**）は生物の種ごとに特有であり，その生物種の持つ遺伝情報（生物の体の設計図）になっている。その遺伝情報は細胞分裂などの際，そっくり同じDNAが複製されることによって親から子へと受け継がれていく。

DNAをさらに微視的に見てみると，図12-13に示したように，2本のポリヌクレオチド鎖が，らせん状にからみあった「**二重らせん**」構造をしており，ポリヌクレオチド鎖の塩基部分どうしの間で**水素結合**（5-5-3節，p.75参照）が形成されている。この水素結合によって**塩基対**ができ，二重らせん構造を，通常ほどけないかたちに保っているが，適宜ほどけることにより遺伝情報の伝達が巧妙に行われる。ここで，それぞれの塩基の化学構造から，塩基対はアデニン（A）とチミン（T），グアニン（G）とシトシン（C）の組み合わせのみ可能であり，このことがDNAの遺伝情報伝達に重大な意味を持っている。

10-3-2　RNA（リボ核酸）

RNAは、糖部分にリボースをもつポリヌクレオチドである。DNAと比べるとヌクレオチドの重合度が小さく、ずっと小さな分子であるが，その生体機能はDNAと同様，たいへん重要である。RNAはその機能のうえで，いくつかに分類される。ここでは，そのうちの2種類のRNAをごく簡単に紹介しよう。

伝令（メッセンジャー）RNA　これは，細胞核に存在するDNAに書き込まれている遺伝情報（塩基配列）の一部分を自分自身の塩基配列にコピーして（**転写**という），タンパク質の生合成の場であるリボソームへ移動する。つまり，DNAの遺伝情報を運ぶ役割を担っている。

転移RNA　タンパク質の原料であるアミノ酸を1つずつ結びつけており，伝令RNAの運んできた遺伝情報に基づいて適当なアミノ酸を順に供給する役目を果している。こうして，アミノ酸が順につながっていき，DNAの遺伝情報どおりのタンパク質が生合成される（**翻訳**という）。

10-4 ビタミン

高分子物質ではないが，生物が生命活動を維持してゆくうえで，ごく少量ながら必要不可欠な物質がある。これらの物質のうち，ヒトが自分自身の体内で生合成することができないもの，すなわち食物としてどうしても摂取しなければならないものを**ビタミン**とよんでいる。このように，ビタミンという語は栄養学的な立場に立ったものであるので，種々のビタミン類の間に化学構造上の類似性はない。主なビタミンを表 10-2 に示した。

表 10-2 主なビタミン

	ビタミン	所　在	主な機能	欠乏症
脂溶性	ビタミンA（レチノール）	肝油，ウナギ，バター（緑黄色野菜：プロビタミンA）	視覚，成長促進 制ガン作用	夜盲症，成長阻害
	ビタミン D_2（エルゴカルシフェロール）	シイタケ，酵母，麦芽（プロビタミン D_2）	Ca，P の吸収促進	くる病，骨軟化症
	ビタミン D_3（コレカルシフェロール	肝油，バター，カキ，牛乳，卵黄	Ca，P の吸収促進	くる病，骨軟化症
	ビタミンE（トコフェロール）	植物油，米ぬか，胚芽	酸化，老化防止	不妊症
	ビタミンK	緑黄色野菜，海藻	血液凝固作用	血液凝固阻害
水溶性	ビタミン B_1（チアミン）	胚芽，豆類，緑色野菜，牛乳，卵，肝臓	糖の代謝	脚気，多発性神経炎
	ビタミン B_2（リボフラビン）	牛乳，卵，緑黄色野菜，肝臓	酸化還元反応	成長阻害，口角炎
	ビタミン B_6（ピリドキシン）	米，胚芽，豆類，肉，魚	アミノ酸代謝	脂漏性皮膚炎
	ナイアシン（ニコチン酸アミド）	肉，肝臓，胚芽	酸化還元反応	ペラグラ
	パントテン酸	豆類，肝臓，卵黄	糖，脂質代謝	皮膚炎，成長阻害
	葉酸（ビタミンM）	落花生，ホウレンソウ，胚芽	アミノ酸代謝	悪性貧血
	ビタミン B_{12}（シアノコバラミン）	牛乳，肉，肝臓	糖，脂質代謝 アミノ酸代謝	皮膚炎，成長阻害 悪性貧血
	ビオチン	豆類，牛乳，魚，肝臓	糖，脂質代謝	脂漏性皮膚炎
	ビタミンC（アスコルビン酸）	新鮮緑黄色野菜，果物，緑茶	酸化還元反応	敗血症

11 エネルギーの化学

私たちは現在，天然ガス，石油，石炭といった有限な地下資源をエネルギー源として利用している。人類の永続的な繁栄のためには，こうした限りあるエネルギー源をより有効に使い，その一方，新しいエネルギー源を開発する必要がある。これらのことを成し遂げるために，化学はどのような役目を果たすことができるだろうか。ここでは，エネルギーの有効利用という課題に対する1つの解答として，燃料電池を考える。また，自然エネルギーを利用可能なエネルギーに変換する仕掛けの1つとして，太陽光発電を取り上げる。こうしたもののなかに，化学がいかに大きく貢献しているかがわかるであろう。

11-1　燃料電池

燃料，たとえば石油が燃焼する過程をエネルギーの観点から考えてみよう。石油（炭化水素）の燃焼とは，石油と酸素から二酸化炭素と水を生じる化学変化のことである。このとき，熱エネルギーが放出される。これは，原料（石油＋酸素）が持つ化学エネルギーの合計より，生成物（二酸化炭素＋水）が持つ化学エネルギーの合計のほうが少ないため，その差に相当するエネルギーが熱エネルギーとして外部に放出されたと見なすことができる。こうして放出されるエネルギーを，熱エネルギーの代わりに電気エネルギーのかたちで取り出す装置が**燃料電池**である。では，どのようにして電気エネルギーを取り出すのだろうか。その原理を，水素を燃料とする燃料電池で見てみよう。

図 11-1 に模式的に示すように，このタイプの燃料電池では，負極[*1]に

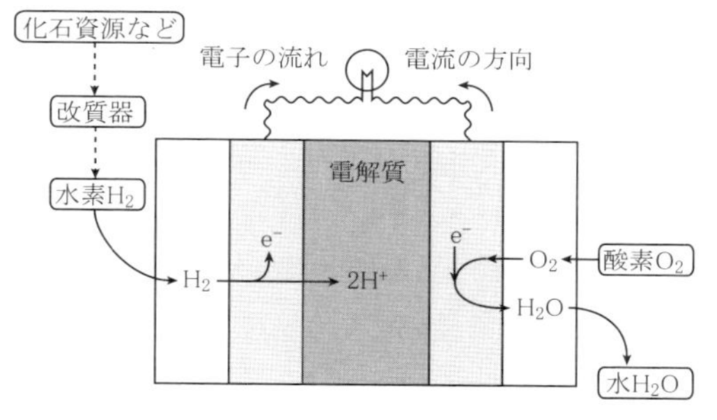

図 11-1　燃料電池の原理

水素（H_2）が供給され，正極[*1]には空気のかたちで酸素（O_2）が供給される。2 つの極の間には，リン酸溶液など適当な電解質で埋められた電解層がある[*2]。負極で水素 H_2 が電子を失うと，生じた H^+ は電解層中を移動して正極に至る。そこで，電子および酸素と結びついて水（H_2O）を生じる。負極，正極での反応[*3]は，それぞれ，(11-1) 式，(11-2) 式で表される。ここで，負極で水素 H_2 から奪われた電子は外部回路を通って正極にやってくるので，この回路に抵抗（電球，モーターなど）を置けばそこで仕事がなされる。

燃料電池全体で起こっている正味の変化は，(11-1) 式と (11-2) 式を合わせたもの，すなわち，(11-3) 式で表される変化である。これは，水素 2 分子と酸素 1 分子から水 1 分子への変化であり，水素の燃焼と同じである。つまり，エネルギー的に大きな発熱であるので，この過程は自発的に起ころうとする。このことが，電子が外部回路を自発的に流れる理由である。

（負極）　$H_2 \longrightarrow 2H^+ + 2e^-$　　(11-1)

（正極）　$O_2 + 4e^- + 4H^+ \longrightarrow 2H_2O$　　(11-2)

$2H_2 + O_2 \longrightarrow 2H_2O$　　(11-3)

6 章で述べたヘスの法則によれば，物質の変化に際して放出，または吸収されるエネルギー（「熱」と表現してもよい）の総和は，変化する前と

＊1　燃料電池では，その仕組みから，負極を「燃料極」，正極を「空気極」とよぶことがある。
＊2　このほかにも，電解層の電解質として，イオン交換膜を用いるタイプなどもある。
＊3　これらの反応を起こさせるために，触媒として白金が用いられる。

変化したあとの物質の状態だけで決まり，変化の経路や方法によらない。したがって，この燃料電池では，水素の燃焼の際に放出される熱エネルギーと同じ量のエネルギーが電気エネルギーのかたちで放出されることになる。

では，同じ量の熱エネルギーと電気エネルギーは，質も同じものと見なしてよいのだろうか。熱力学の教えるところによると，熱エネルギーを熱機関(内燃機関など)を通じて運動エネルギーに変換するとき，その変換効率は半分ほどにしかならない。一方，燃料電池で生み出された電気エネルギーは，モーターなどを用いて効率よく運動エネルギーに変換される。すなわち，水素(さらにその原料である石油や天然ガス)の化学エネルギーの利用効率は，燃料電池を用いることで大幅に向上する。(p.160 コラム参照)

水に適当な電解質を溶かして電流を通じると，陰極からは水素 H_2 が，陽極からは酸素 O_2 が発生する。これが水の電気分解である。水の電気分解と，水素を燃料とする燃料電池での反応は，互いに逆向きの反応の関係になっている。水の電気分解では，エネルギーを与えて水を水素と酸素に分ける。逆に，水素と酸素を化合させて水にするとエネルギーが外部に放出される。図 11-2 に，エネルギーの大小関係を示した。

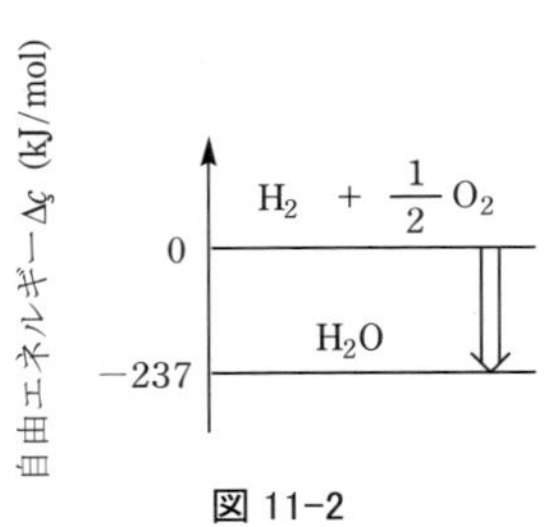

図 11-2

乾電池などの**一次電池**では，放電は電池内部の活物質の酸化還元反応によって起こり，ある電池の放電量の総量はその電池に含まれる活物質の量で決まる。**鉛蓄電池**などの**二次電池**では，ある程度放電が進んだのち，外部電源を用いて放電のときと逆方向に電流を流し内部の活物質を放電前の形に戻す必要がある。これを充電という。これに対し燃料電池は，活物質である燃料と酸素を，それぞれ負極と正極に外部から供給し続ける限り電気エネルギーを生みだし続ける。したがって，燃料電池は「電池」

というより，「発電機」とみなしたほうがよい。現在実用化されている最も一般的な燃料電池は，上で見た燃料として水素を用いるタイプである。

燃料電池の起電力

図11-2からわかるように，(11-3) 式の反応の自由エネルギー変化は1 mol当たり237 kJ，すなわち，$\Delta G = -237$ kJ/molである。このエネルギーがすべて電子の動きに使われるとすると，ここでは2電子が動くので

$$E = -\frac{\Delta G}{nF} = \frac{237\ \mathrm{kJ}}{2 \times 9.65 \times 10^4\mathrm{C}} = 1.23\ \mathrm{V}$$

となる。この値がこの燃料電池の起電力である。水素の酸化還元電位を0 Vの基準とする場合が多いが，このとき，(11-3) 式の標準酸化還元電位は1.23 Vであると表現できる（第8章参照）。

燃料電池車は究極のエコカーか？

燃料電池でモーターを動かして走る乗用車，いわゆる「燃料電池車」が実用化されている。「排気ガス」として水しか出さないので，「究極のエコカー」などと言われることがある。しかし，この表現は正しいのだろうか？　燃料である水素は天然にはないので，石油などの炭化水素から作らねばならず，このとき二酸化炭素が発生する。つまり，燃料電池車じたいは水しか出さないが，この車を走らせるためにはほかのところで二酸化炭素は出ている。結局，ガソリン（炭化水素）をエンジン内部で燃やして走る場合と，ガソリンから水素を得，それを使って燃料電池で電気を産み出してモーターで走る場合と，物質の変化はまったく同じである。

燃料電池のほんとうの利点は，そのエネルギーの変換効率の高さにある。熱機関のエネルギー変換効率，すなわち熱エネルギーから運動エネルギーへの変換効率は，熱力学の要請により50%程度にしかならない。この低い変換効率は原理的なもので，装置の改良によって克服することはできない。つまり，石油などをいったん燃焼して利用可能なエネルギーを取り出そうとする限り，その持つ化学エネルギーの半分ほどを捨ててしまうことになる。燃料電池を介して石油などからエネルギーを取り出す場合，このような熱力学過程を通らないので資源の持つエネルギーをより多く利用できることになるのである。

11-2　太陽光発電

太陽の光エネルギーを電気エネルギーに変換するのが**太陽光発電**である。この変換を行う装置が**太陽電池**であり，太陽電池をたくさん並べてパ

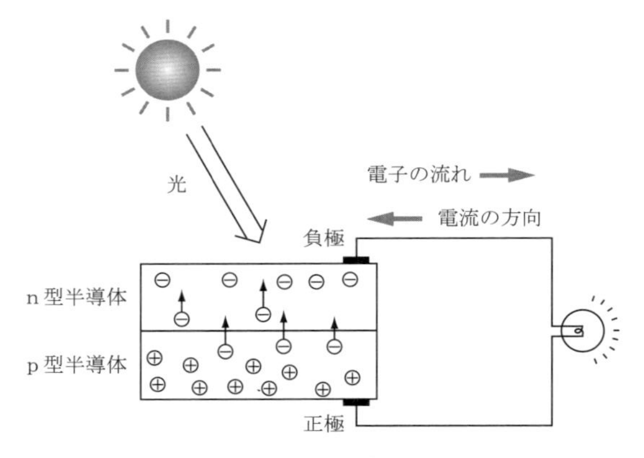

図 11-3　太陽光発電（太陽電池）の原理

ネル状にしたものを太陽電池パネル，またはソーラーパネルとよぶ。太陽電池は，図 11-3 に示したように，2 種類の半導体を接合させたものである。太陽電池に光が当たったとき，一方の半導体から他方の半導体に電子が動くような半導体の組合せを選ぶことができる。後者は電子を受け取って陰電荷（negative charge）を持つことになるので **n 型半導体**とよばれ，前者は電子が抜けたあとに陽電荷（positive charge）の空孔が残るので **p 型半導体**とよばれる。（この，陽電荷の空孔は「正孔」といわれることがある。）この 2 つの半導体を導線で結び回路を作ってやれば，電荷分離を解消しようとして回路に電子の流れ，すなわち電流が発生する。光を照射したとき電荷分離がいかにうまく起こるかが太陽電池の効率の主な要因であり，これは半導体の組合せによって決まる。一方，無機物質である半導体の代わりに有機物質（有機化合物）を用いる新しいタイプの太陽電池も開発が進められている。これは，ある種の有機化合物が光で励起されたとき電子を放出しやすくなる性質を利用するものである。こうして放出された電子を外部回路に導き電流を得る。効率よく太陽光を吸収する有機化合物として，有機色素やフラーレンが材料に選ばれている。これら有機系の太陽電池は従来型のものに比べ，軽い，製造コストが低い，などの特長がある。

さまざまな種類の太陽光パネルが開発されている。表 11-1 に代表的なものを示す。太陽電池は，自然のエネルギー（太陽の光エネルギー）をわれわれ人間が利用できるかたちのエネルギー（電気エネルギー）に変換する装置であり，電気を貯める機能はないので，本来の意味での「電池」ではない。

表 11-1　太陽電池の種類

素材による分類	タイプ	特　徴
シリコン系	単結晶シリコン太陽電池 結晶シリコン太陽電池	単結晶または多結晶のシリコン基板を使用したもので，発電効率が優れている。現在，生産量が最も多い。
	アモルファスシリコン太陽電池	ガラス，または金属等の基板の上に，薄膜状のアモルファスシリコンを形成させて作る。使用するシリコン原料が少なくてすみ，コスト的に有利である。
化合物半導体系	単結晶化合物半導体太陽電池 多結晶化合物半導体太陽電池	ガリウム（Ga）とヒ素（As）など，複数の元素を組み合わせて作られる。単結晶のものと多結晶ものがある。コストが高く，人工衛星などの特殊用途に使われているものが多い。
有機系	色素増感太陽電池†	有機色素を用いて光起電力を得る。軽量，低い製造コストなどの長所の反面，変換効率，寿命に課題がある。
	有機薄膜太陽電池†	電導性ポリマーやフラーレンなどを組み合わせた有機薄膜半導体を用いる。軽量，低い製造コストなどが長所であるが，やはり，変換効率，寿命に課題がある。

† 2014 年の時点ではまだ開発段階にあり，実用化されていない。

12 ナノって何なの？

21 世紀に展開が期待される技術分野のひとつとして，**ナノテクノロジー**が注目を集めている。では，ナノテクノロジーとは何を扱う技術なのだろう？　そして，それは化学とどう結びつくのだろう？　そもそも，「ナノ」とはどういう意味なのだろう？

ナノ（nano）とは基礎となる単位の 10^{-9} 倍の量であることを示す接頭辞で，1960 年に導入された。長さの単位に用いれば，1 ナノメートル（nm）は 1 メートル（m）の 1000000000 分の 1，すなわち 10^{-9} メートルである。1 メートルと 1 ナノメートルの比は，地球とビー玉の大きさの比とほぼ等しい。この単位を用いると，炭素—炭素単結合の結合距離はおおよそ 0.15 nm であり，また DNA の二重らせん構造の直径は約 2 nm となる。このことから，数十個の原子からなる分子は数ナノメートルの大きさであることが分かる。ナノテクノロジーとはこの程度の大きさの世界を扱うテクノロジー（技術）なのである。一方，最小の細胞であるマイコプラズマの全長は約 200 nm であり，ナノテクノロジーの扱う世界よりずっと大きい。

この章では，ナノテクノロジーの中で，化学の分野に関連したいくつかのトピックを具体的に見ていこう。[*1]

12-1　フラーレンとカーボンナノチューブ

フラーレンは，多数の炭素原子のみで構成される中空な球状分子の総称

---

*1　長さの単位として，化学ではオングストローム（Å）という単位が使われることがあるが，現在ではこの単位は推奨されない。1Å = 0.1 nm = 10^{-10} m である。

である。炭素の単体であり，ダイヤモンド（p. 68）や黒鉛（グラファイト）（p. 59）の同素体である。最初に発見されたフラーレンは，炭素原子 60 個からなる C_{60} フラーレンで，20 個の 6 員環と 12 個の 5 員環からなっている*1)。この構造は，図 12-1 に示すようにサッカーボールとよく似ている*2)。そのおおよその直径は，1 nm（= 10 Å）である。

60 個より数の多い炭素原子からなるフラーレンも存在する。アーク放電による C_{60} フラーレン合成の際，炭素数が 70 個，74 個，76 個，78 個のものなどが少量ながら生成し，単離されている。これらもすべて炭素の 6 員環と 5 員環からなっている。

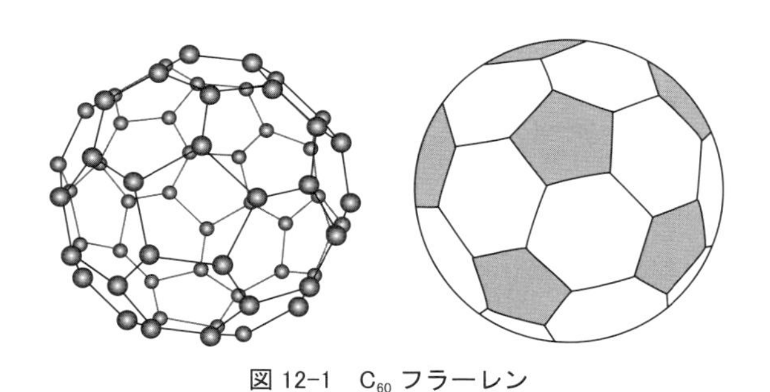

図 12-1　C_{60} フラーレン

●は炭素原子を示す。右はサッカーボール。

フラーレンはそのままでは水や有機溶媒に溶けにくいため使いにくいが，化学的な反応性に富んでいるので，化学反応によってさまざまな官能基をつなげること（化学修飾）が可能である。また，内部に金属イオンなどを閉じ込めることもできる。このようにして，フラーレンにさまざまな機能や性質を与えることができる。現在，化粧品の原材料，n 型半導体などの電子材料，またヒト免疫不全ウイルス（HIV）の治療薬など，さまざまな利用に向けた研究開発が進められている。

＊1　C_{60} は，現在ではアーク放電法や燃焼法など，簡便な方法で大量に人工合成される。

＊2　フラーレンという名称は，アメリカ人建築家バックミンスター・フラーが設計したフラードームと形状が似ていることに由来する。バックミンスターフラーレンとよばれることもある。

C_{60} フラーレンは，1970年，北海道大学（当時）の大澤映二博士によってその存在が理論的に予測されたが，発表論文が日本語であったため世界でほとんど注目されることはなかった。その実在は1985年，ハロルド・クロトー，リチャード・スモーリー，ロバート・カールによって明らかにされ，この業績により彼ら三人にノーベル化学賞が授与されている（1996年）。

カーボンナノチューブも炭素の同素体である。アーク放電によってフラーレンを合成する過程で，炭素電極の堆積物中から偶然発見された。図12-2に示したように，C_{60} フラーレンを2つに割って円筒を挟んだような構造をしている。この図にある単層のものをシングルウォールナノチューブとよぶが，二層の入れ子構造をしたダブルウォールナノチューブもある。カーボンナノチューブは，細長く表面積が大きいという形状に加え，電流に対する優れた構造安定性，高い導電性，高い機械強度といった特長を備えており，電子材料としての応用が期待されている。燃料電池への応用もそのひとつである。その薄さに着目し，ペーパーバッテリーなどというものも考えられている。また，内部の空間にさまざまな分子を内包させることもできる。

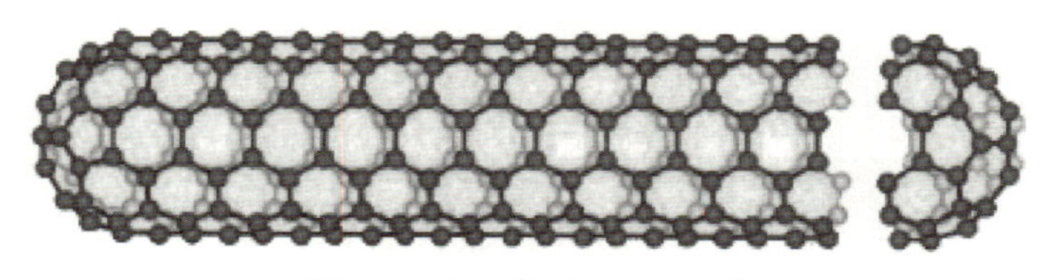

図12-2　カーボンナノチューブ

●は炭素原子を示す。

12-2　ナノを「見る」工夫

ナノテクノロジーとは，ナノメートルのスケールで物質を制御し，そのスケールで新素材やデバイスを開発する技術のことである。物質をナノメートルレベルで制御する大きな利点は，もちろん「小型化」である。たとえば，コンピューターの電子回路にナノスケールの物質を使うことがで

ナノの世界の住人たち

ベンゼン環に手足をつけたような構造の化合物が論文に発表されている。たとえば，ナノキッド（ナノの子供）と名づけられた化合物（図）は，構造式で表すとまさに人の形をしており，「身長」は 2 nm 弱になる。このほかに踊るナノバレエダンサーや二人で手をつないだナノカップルなどが報告されている。これらの化合物は構造式が人間の形をしているというだけで，何か使い道があるわけでもないし今後の応用が考えられているわけでもない。化学者のいわば遊び心によって作られたものである。

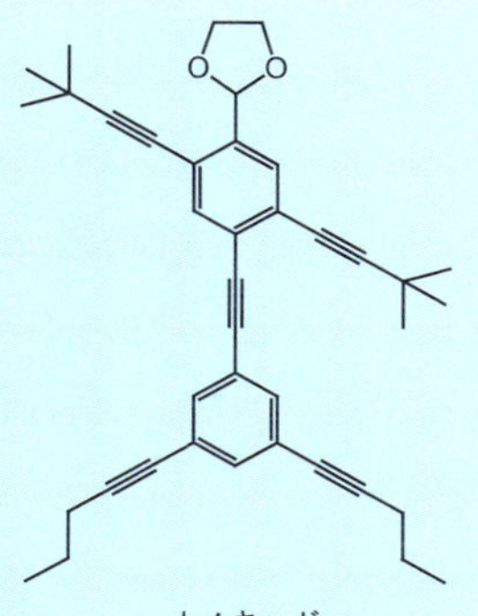

ナノキッド

さらにユニークな化合物として，４つのフラーレンをタイヤに見立て車の形をした化合物，「ナノカー」が合成されている。これは，その分子が実際に金箔表面を「走る」ところが電子顕微鏡で観察され，さらに探針で直接動かすことにも成功している。こちらには何らかの応用が期待される。

きれば，コンピューターは現在よりもずっと小さくなり，必要な電力や発熱を抑えることができるようになるだろう。同様に，記憶装置も小型化が期待される。しかし，ナノテクノロジーの意義は，単にものを「小型化」することだけではない。

これくらいの極微の世界になると，私たちの身の回りのスケールの常識では考えられないことが起こる。たとえば，遷移状態の「山」（第 6 章 p. 86 参照）を越えるエネルギーを与えなくても，状態が原系から生成系へ変化することがある。これは，あたかも遷移状態の「山」をトンネルで抜けたように見えるので，**トンネル効果**とよばれる。また，エネルギー準位が連続でなくとびとびの値しか取れない現象（「**量子化**された」という）が現れる。これらは，一般に量子効果とよばれるが，この効果は注目する粒子間の距離がおよそ 100 nm 未満にまで小さくなったとき，発現するようになる。

このような量子効果をテクノロジーに応用するナノテクノロジーが，1980 年代に台頭してきた。その大きな成果のひとつに，走査型トンネル顕微鏡（STM）の発明がある（図 12-3）。STM は，鋭く尖った探針を導電性の物質の表面または表面上の吸着分子に数ナノメートルの距離まで近づ

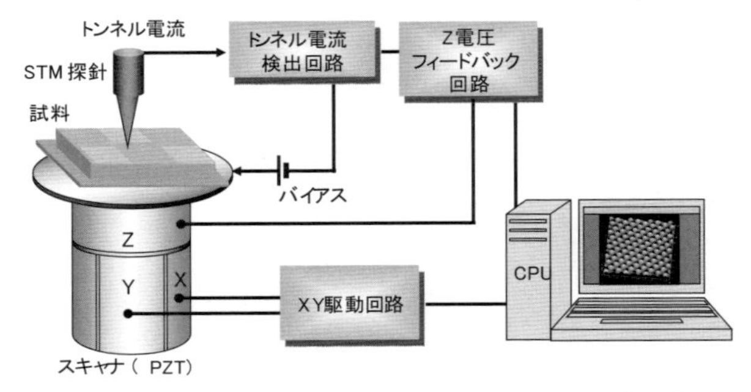

探針の先の原子が試料表面にある距離（数 nm）まで近づくと，トンネル効果によって試料表面と探針の間に電流を生じる。探針をすべらせながら（走査しながら）上下させこの電流を測定することによって，試料表面の凹凸を検知する。

図 12-3　走査型トンネル顕微鏡（STM）の概念図

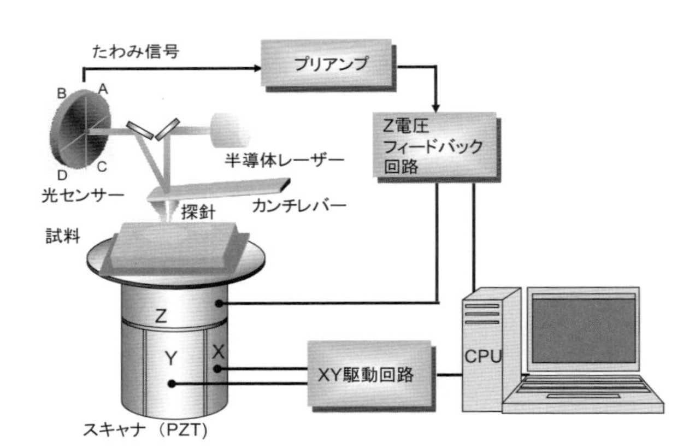

鋭く微細加工された探針が試料表面原子との原子間力により，表面の凹凸に従って上下する。このとき，探針の付いたカンチレバー（てこ）に生じるゆがみをレーザー光の反射で測定して試料表面の形状を検知する。　　　　　　　　　　　　　　（㈱日立ハイテクサイエンス提供）

図 12-4　原子間力顕微鏡（AFM）の概念図

けたとき生じるトンネル効果を利用して，表面の構造を原子レベルで観測するものである。それに引き続き，原子間力顕微鏡（AFM）が発明された（図 12-4）。AFM は，微弱な原子間力で探針が試料表面へ引き寄せられるという，ナノスケールの現象を利用したものである。

前節に述べたフラーレンやカーボンナノチューブの応用研究には，これらの発明が大きく貢献している。

12-3　ナノ粒子

物質を1～100 nmの粒子にすると，その物質は量子効果によって私たちの身の回りのサイズの材料と異なった特有の物性を示すようになる。金属などをこのサイズにした粒子，いわゆるナノ粒子がさまざまな分野で応用研究されている。

たとえば，白金のナノ粒子は燃料電池での触媒として利用されている。金ナノ粒子はさまざまな反応に対して触媒活性を示し，トイレの脱臭触媒として実用化されている。また，金や銀のナノ粒子は特有の吸光を示すので，新しい色素やセンサーとしての利用が考えられている。

量子ドット

硫化亜鉛やセレン化カドミウムなどの半導体を，ある大きさ（数nm～20 nm）のナノ粒子に加工すると，その領域に閉じこめられた電子の状態は量子化され，とびとびの状態しかとれなくなる。この状態の粒子を量子ドットとよぶ。量子ドットは擬似的な原子のように振舞うことから，人工原子とよばれたこともある。

近年，蛍光を発する量子ドットをポリマーコーティングして水中でも使用できるようにしたものが作られ，蛍光染色用色素としてバイオ研究に使用されている。量子ドットを用いる利点は，大きさを変えることでいろいろな波長の光を放出するものをつくることができること，励起光

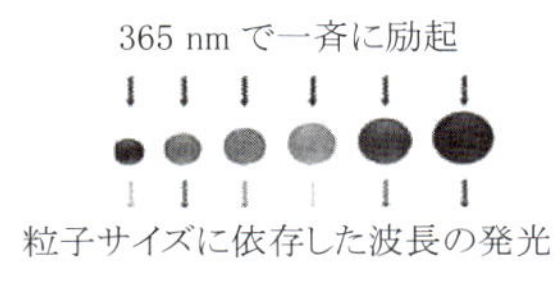

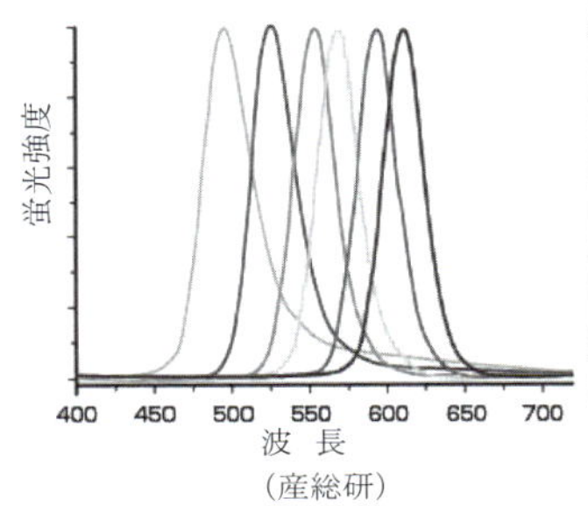

（産総研）

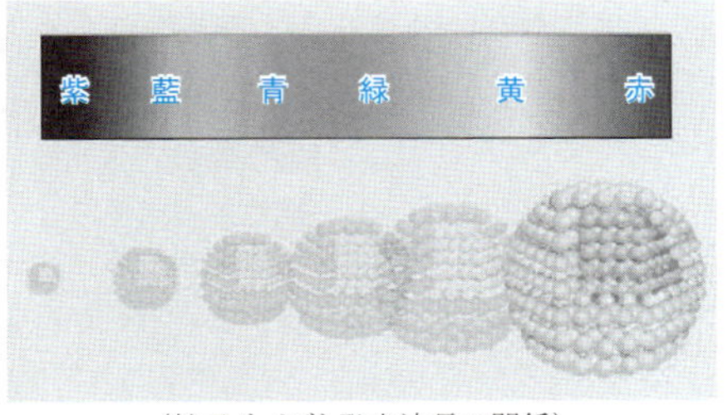

（粒子サイズと発光波長の関係）

（オーシャンフォトニクス㈱）

図12-5　量子ドット

を長時間照射してもほとんど退色しないこと，発光波長の違う量子ドットを用いて同時に複数の発光を得ることができることなど，である。

12-4 蛍光生体イメージング

細胞や組織の中にあって目で見ることができない物質を可視化（顕微鏡をとおして目で見えるようにすること）すれば，その物質がどこに集まっているのか，あるいはどのような動きをするのかを知ることができる。近年，蛍光色素を用いてこのことを行う蛍光生体イメージング技術が進歩を遂げ，この技術以前には考えられないレベルでの観察が可能となった。さまざまなタイプの蛍光色素の開発，および物質に励起光をあてたとき発せられる蛍光が微弱であってもそれを捉えることができるような顕微鏡技術の進歩，この 2 つの技術がこの分野の両翼を担っている。

蛍光生体イメージングで使用される蛍光顕微鏡を図 12-6 に示す。励起フィルターを通った励起光は，対物レンズに入射して標本（たとえば培養細胞）に照射される。標本を，ある特定の部位だけを染める蛍光色素で処理しておけば，照射によってその部位だけが励起され蛍光を放射する。こうして放射された蛍光は，また同じ対物レンズを通って吸収フィルタを抜け検出系（カメラなど）に運ばれる。つまり，特定の部位がその標本のど

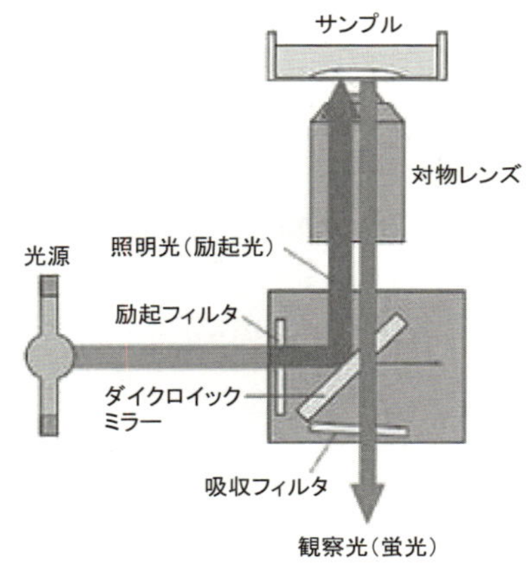

図 12-6　蛍光顕微鏡（落射型）の仕組み
（オリンパス㈱）

こにあるのかを知ることができる。

核やミトコンドリア，ゴルジ装置といった細胞のなかで重要な働きをする特定の小さな器官（微小器官）を染め分けることは現在では容易なことであり，特定のタンパク質やさらに分子量の小さな分子だけを染色することも可能になっている。つまり，蛍光顕微鏡を使うことで，標本中の特定の部位をよりピンポイントで確定できるようになった。

12-5　蛍光タンパク質

前節で述べたように，現在では特定のタンパク質だけを蛍光物質で染色する生体イメージングが可能である。ところが，タンパク質じたいが光る（蛍光を発する）**蛍光タンパク質**というものが発見された。このタンパク質を使えば蛍光物質による染色は不要となることから，その発見以来，生体イメージング技術は飛躍的な進展を遂げた。

代表的な蛍光タンパク質として，光をあてると緑色に光る緑色蛍光タンパク質（GFP）があげられる。GFPは，オワンクラゲというクラゲの体内にある分子量約27,000のタンパク質である。細胞内ではカルシウムイオンを感知して蛍光発光する発光体と複合体を形成しており，この発光体からの光（460 nm）で励起されて緑色（508 nm）の蛍光を発する。細胞から取り出した状態で460 nmの光を照射しても，やはり緑色の蛍光を発す

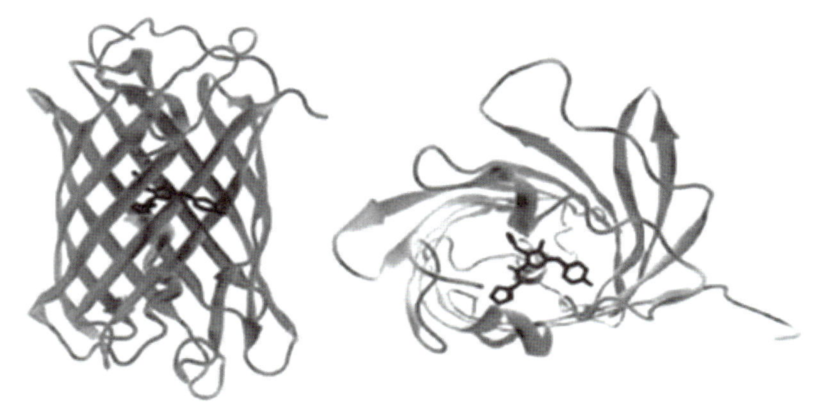

Nienhaus, G. U., *Angew. Chem. Int. Ed.*, **2008**, 47, 8992.
図 12-7　緑色蛍光タンパク質の構造モデル

る。そこで，これを違う種類の細胞に入れたり，他のタンパク質との融合タンパク質にしたりして使うことができる。また，青や黄色といった蛍光波長が異なる改変型 GFP も作られている。

GFP は，米国在住の下村脩博士によって発見され，分離精製された。この業績で，下村博士に 2008 年のノーベル化学賞が授与されている。

付録Ⅰ　化合物命名法

化合物の種類は莫大であるので，すべての化合物の名前を知ることは不可能であるし，またその必要もない。化学式からその化合物がどんなものであるかを判断したり，必要に応じて命名法の記述を参考にして，化学式と化合物名とを対応させればよい。化合物はある一定の規則に従って名前がつけられているが，ここではその基本的な命名法について触れる。ただし，ここで述べた規則に従わない「慣用名」もひろく用いられているので注意を要する。また，ここで命名法を学びいろいろな化合物に接することは，化合物の体系的な理解にもつながる。

Ⅰ－３　数を表す数詞

ある化合物中の原子や原子団などの数を表すのに，ギリシア語の数詞が用いられる。また，この数詞を変形して化合物の名称の中に組み込む場合もある。

1	2	3	4	5	6	7	8	9	10	11	12
モノ	ジ	トリ	テトラ	ペンタ	ヘキサ	ヘプタ	オクタ	ノナ	デカ	ウンデカ	ドデカ
mono	di	tri	tetra	penta	hexa	hepta	octa	nona	deca	undeca	dodeca

Ⅰ－２　無機化合物命名法

(1)　イオンの命名法

単原子の陽イオンは元素名をそのまま用いる。ただし，必要のあるときは価数をローマ数字で表記する。

（例）　Na^+　ナトリウムイオン　　Ca^{2+}　カルシウムイオン
　　　　$Cu+$　銅（Ⅰ）イオン　　Cu^{2+}　銅（Ⅱ）イオン

陰イオンは‥‥化物イオンと呼ぶ。

（例）　Cl^-　塩化物イオン　　I^-　ヨウ化物イオン
　　　　CN^-　シアン化物イオン　　OH^-　水酸化物イオン

(2)　化合物の命名法

化合物を構成する成分とその比から命名する。電気的に陽性の成分は元素名をそのまま用いるが，陰性の成分は語尾を…化とする。

（例）　NO_2　二酸化窒素　N_2O　酸化二窒素
　　　　HCl　塩化水素　NaCl　塩化ナトリウム　KCN　シアン化カリウム

陰イオン成分が比較的複雑な多原子イオンの場合は，そのイオンを含む酸の名称を用いる場合がある。

(例) K_2CO_3　炭酸カリウム　Na_2SO_3　亜硫酸ナトリウム

酸性塩の場合は陰イオン名のあとに「水素」を入れる。必要に応じて水素の数を入れる。

(例) $NaHCO_3$　炭酸水素ナトリウム

NaH_2PO_4 リン酸二水素ナトリウム　Na_2HPO_4 リン酸一水素ナトリウム

I－3　有機化合物命名法

有機化合物の命名法には主に次の2つの方法がある。

① 炭化水素骨格上の水素原子を置換基で置き換えたものと考え，その置換基の名称を接頭語又は接尾語で示す方法。

② ある官能基を含む物質の一般名に，置換基の名称を組み込む表し方。

(例) CH_3Br　① ブロモメタン（bromomethane）

② 臭化メチル（methyl bromide）

CH_3CHO　① エタナール（ethanal）

② アセトアルデヒド（acetoaldehyde）

以下の各論でこの2種類の命名法を並記した場合もある。その際，①，②で区別した。

(1)　飽和直鎖炭化水素（多重結合を含まない炭化水素）

炭素数を，先に述べた数詞で表し，これにアン(-ane)という接尾語をつけて表す。ただし，炭素数が1から4のものは慣用名を用いる（表1)。

表1　飽和直鎖炭化水素（C_nH_{2n+2}）および飽和直鎖炭化水素基（C_nH_{2n+1}）の名称

n	C_nH_{2n+2}	$-C_nH_{2n+1}$	n	C_nH_{2n+2}	$-C_nH_{2n+1}$
1	メタン (methane)	メチル (methyl)	6	ヘキサン (hexane)	ヘキシル (hexyl)
2	エタン (ethane)	エチル (ethyl)	7	ヘプタン (heptane)	ヘプチル (heptyl)
3	プロパン (propane)	プロピル (propyl)	8	オクタン (octane)	オクチル (octyl)
4	ブタン (butane)	ブチル (butyl)	9	ノナン (nonane)	ノニル (nonyl)
5	ペンタン (pentane)	ペンチル (pentyl)	10	デカン (decane)	デシル (decyl)

(2)　アルキル基

上記の炭化水素からHがひとつとれたアルキル基（alkyl）は炭化水素のアン(-ane）をイル（-yl）にかえて命名する（表1)。

(例) メタン→メチル (meth~~ane~~ → methyl)

(3)　飽和分枝状炭化水素

枝のある炭化水素は最も長い直鎖炭化水素鎖を基本とし，その化合物名の接頭語として側鎖のアルキル基名と位置番号をつけて命名する。位置番号は側鎖の位置が最小の番号になるように選ぶ。

（例）

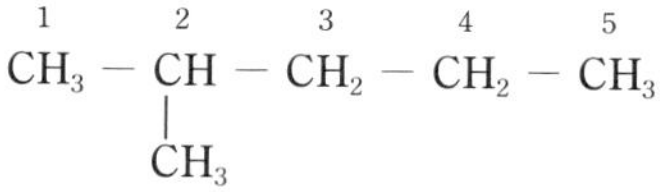

$$\overset{1}{CH_3} - \overset{2}{\underset{\displaystyle |\atop CH_3}{CH}} - \overset{3}{CH_2} - \overset{4}{CH_2} - \overset{5}{CH_3}$$

2- メチルペンタン（この例では左から番号をつける。4- メチルペンタンではない）

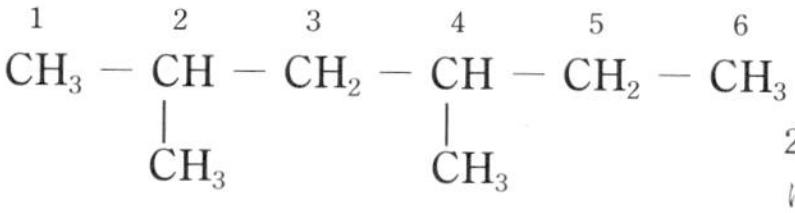

$$\overset{1}{CH_3} - \overset{2}{\underset{\displaystyle |\atop CH_3}{CH}} - \overset{3}{CH_2} - \overset{4}{\underset{\displaystyle |\atop CH_3}{CH}} - \overset{5}{CH_2} - \overset{6}{CH_3}$$

2,4- ジメチルヘキサン（右から番号をつけると 3,5- だが，そうは表さない）

(4)　不飽和鎖状炭化水素（多重結合を含む炭化水素）

二重結合を 1 つ含む場合は，同じ骨格の飽和炭化水素の語尾のアン（-ane）をエン（-ene）に変える。二重結合が 2 つ，3 つの場合は語尾をアジエン（-adiene），アトリエン（-atriene）に変える。二重結合の位置により異性体が存在する場合は，二重結合の位置を端の結合から何番めの位置にあるかという番号で示す。

（例）$CH_2 \overset{1}{=} CH \overset{2}{-} CH_2 \overset{3}{-} CH_3$　1- ブテン　{but~~ane~~ → 1-butene}

$CH_2 \overset{1}{=} CH \overset{2}{-} CH \overset{3}{=} CH_2 \overset{4}{-} CH_3$　1,3- ペンタジエン（1,3-pentadiene）

三重結合を含む炭化水素は飽和炭化水素の語尾のアン（-ane）をイン（-yne）に変える。

（例）$CH_3 \overset{1}{-} C \overset{2}{\equiv} C \overset{3}{-} CH_3$　2- ブチン　{but~~ane~~ → 2-butyne}

(5)　環状炭化水素

同数の直鎖状炭化水素名に接頭語シクロ（cyclo）をつける。

（例）

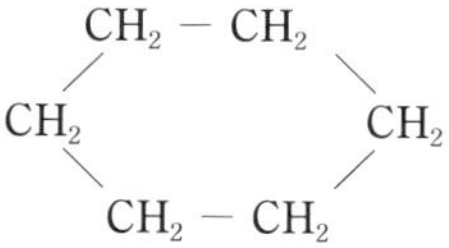

```
     CH2 − CH2
    /         \
 CH2           CH2
    \         /
     CH2 − CH2
```

シクロヘキサン（cyclohexane）

(6)　ハロゲン化物

①　炭化水素の骨格を基本にハロゲン原子名（F ＝フルオロ，Cl ＝クロロ，Br ＝ブロモ，I ＝ヨード）をその位置とともに接頭語としてつける。

（例）

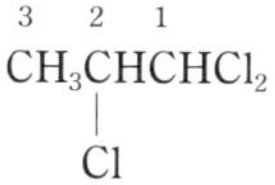

$$\overset{3}{CH_3}\overset{2}{\underset{\displaystyle |\atop Cl}{CH}}\overset{1}{CHCl_2}$$

1,1,2- トリクロロプロパン（1,1,2-trichloropropane）

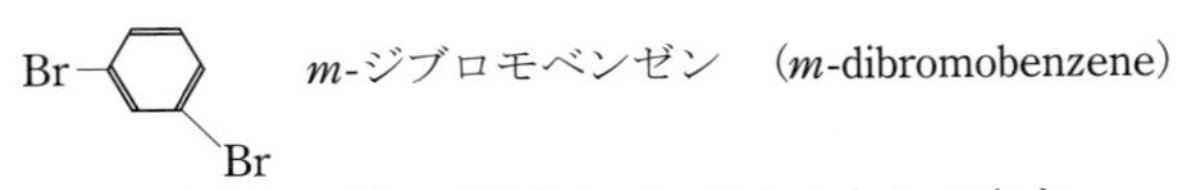

m-ジブロモベンゼン　(*m*-dibromobenzene)

② 炭化水素基とハロゲンが結合しているものとして表す。

(例) CH_3CHCH_3（Br が中央の C に結合）　臭化イソプロピル　(isopropyl bromide)

①の命名法では 2-ブロモプロパン（2-bromopropane）

$ClCH_2CH_2Cl$　二塩化エチレン　(ethylene dichloride)

①の命名法では 1,2-ジクロロエタン（1,2-dichloroethane）

(7) アルコール

炭化水素名の語尾にアルコールを表す接尾語であるオール（-ol）をつける。

(例) CH_3OH メタノール　(methan~~e~~ → methanol)

(8) アミン

炭化水素基名に「アミン」をつける。

(例) $CH_3CH_2NH_2$　エチルアミン　(ethylamine)

(9) アルデヒド

① 炭素数が同じ炭化水素の語尾をアール（-al）にする。

(例) CH_3CHO　エタナール　(etan~~e~~ → etanal)

② 同じ炭素数のカルボン酸の名称の語尾を「アルデヒド」に変える。

(例) HCHO ホルムアルデヒド（form~~ic acid~~ → formaldehyde）

(例) CH_3CHO　アセトアルデヒド（acet~~ic acid~~ → acetaldehyde）

(10) ケトン

① 炭素数が同じ炭化水素の語尾をオン（-one）にする。

(例) $CH_3CH_2CCH_3$（C=O）　2-ブタノン　(butan~~e~~ → butanone)

② カルボニル基に結合している２つの置換基名を列記し，語尾に「ケトン」をつける。

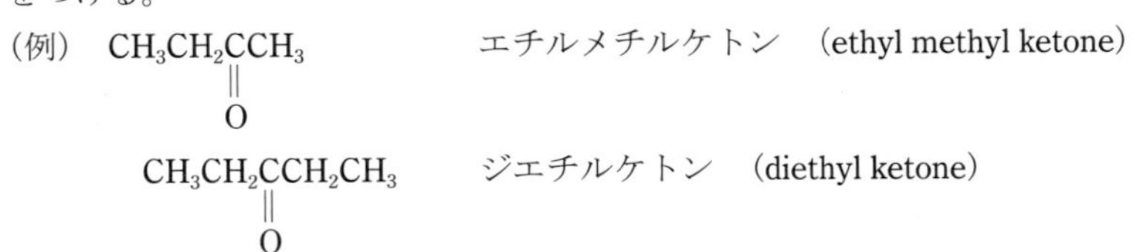

(例) $CH_3CH_2CCH_3$（C=O）　エチルメチルケトン　(ethyl methyl ketone)

$CH_3CH_2CCH_2CH_3$（C=O）　ジエチルケトン　(diethyl ketone)

付録Ⅱ　溶液の濃度

Ⅱ－1　質量パーセント濃度

溶質の質量が溶液の質量の何パーセントかを表したもの

$$質量パーセント濃度 = \frac{溶質の質量}{溶液の質量} \times 100 = \frac{溶質の質量}{溶媒の質量 + 溶質の質量} \times 100$$

したがって，たとえば，10％の食塩水を 100 g 作るには 10 g の食塩を 90 g の水に溶かせばよい。

Ⅱ－2　モル濃度

溶液 1 L 中に含まれる溶質の mol（モル）数で表した濃度。mol/L または M で表す。化学反応は，1 mol の物質と 2 mol の物質が反応する，というように mol 単位で考えることが多い。したがって，モル濃度を用いると溶質のモル数が容易にわかり，溶液を扱う時に便利である。

塩化ナトリウム 1 モルは 58.5 g であるので，0.1mol/L の水溶液 100 mL をつくるためには次のようにすればよい。

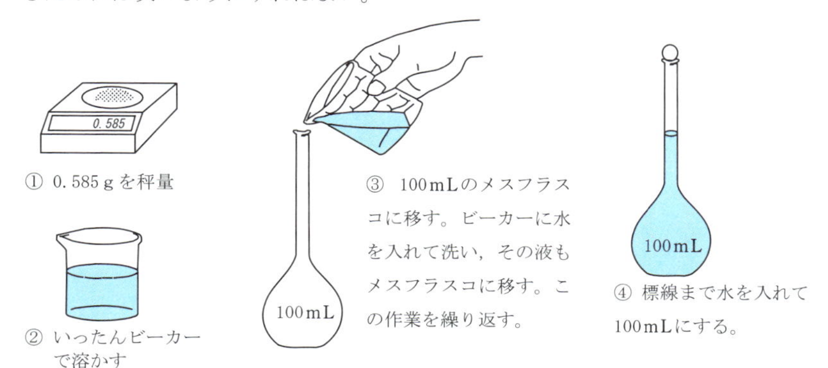

① 0.585 g を秤量

② いったんビーカーで溶かす

③ 100mL のメスフラスコに移す。ビーカーに水を入れて洗い，その液もメスフラスコに移す。この作業を繰り返す。

④ 標線まで水を入れて 100mL にする。

演習問題解答

2 章

1)

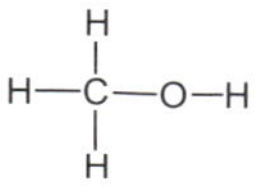

H—C(H)(H)—O—H　メタノール

ベンゼン

CH_3COOH　酢酸

$CH_3C \equiv N$　アセトニトリル

メタノール 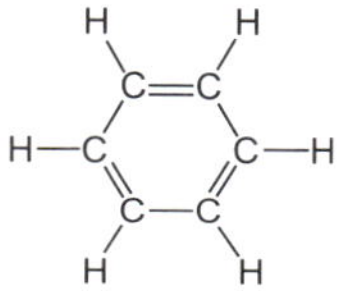　ベンゼン 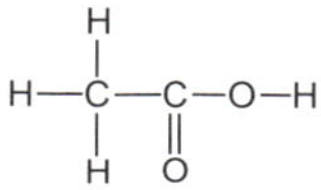　酢酸 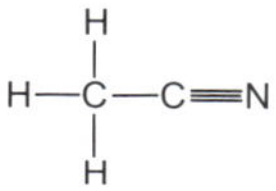　アセトニトリル

など。

2)

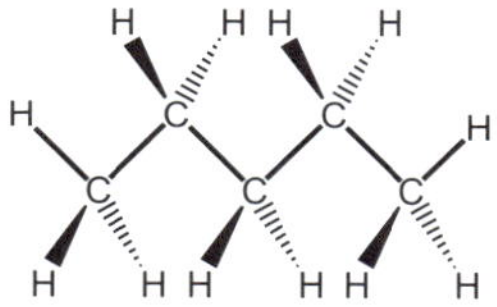

3)

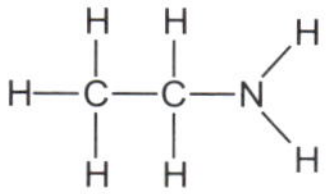

H—C(H)(H)—C(H)(H)—N(H)(H)

3 章

1）

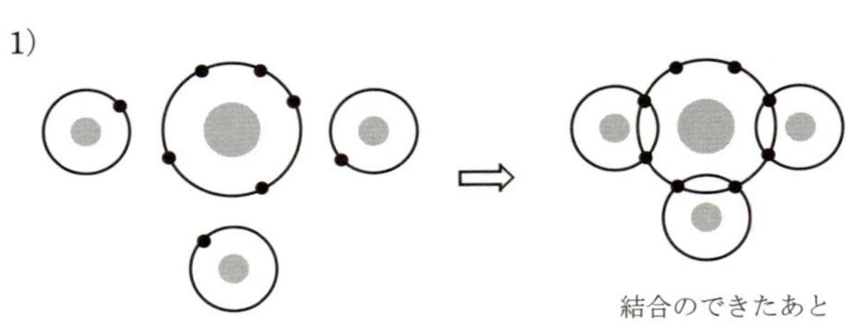

結合のできる前　　結合のできたあと

電子式

```
   ••
H : N : H
   ••
   H
```

2）

•Mg•　または　Mg:　　　　•Ö•

マグネシウム　　　　酸素

3）

```
   H   H   H           H
   ••  ••  ••          ••
H : C : C : C : H   H : C : O : H    H : S : H    H : C ⋮ N
   ••  ••  ••          ••  ••           ••
   H   H   H           H
```

プロパン　　メタノール　　硫化水素　　シアン化水素

4）Ca, 2 個。　Br, 7 個。　I, 7 個。

5）$6.02 \times 10^{23} \times 1 / (23.0 + 35.5) = 1.03 \times 10^{22}$

よって，Na^+ 1.03×10^{22} 個，Cl^- 1.03×10^{22} 個。

6）23 g

7）価電子が 2 個だから。

4 章

1)

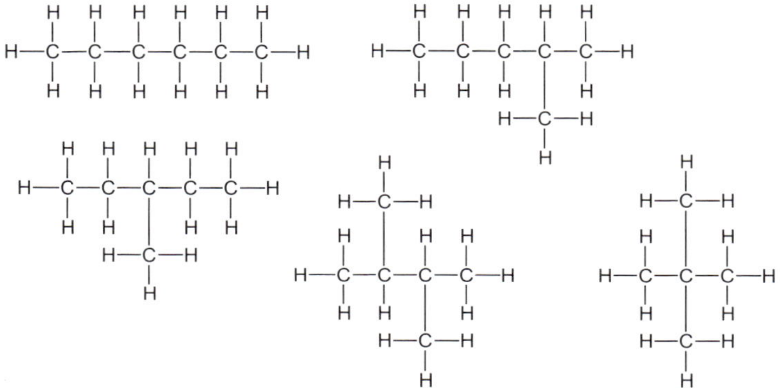

2)

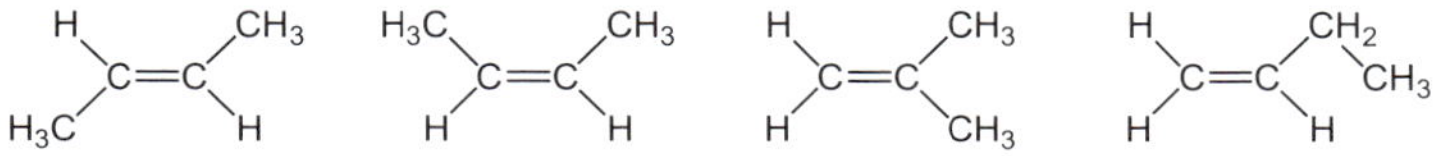

3)

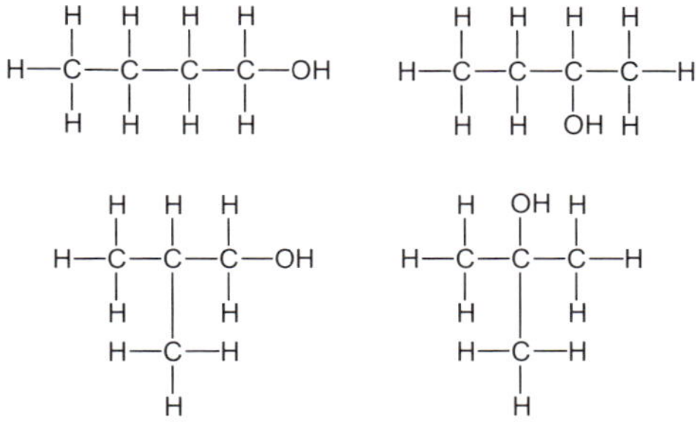

4)

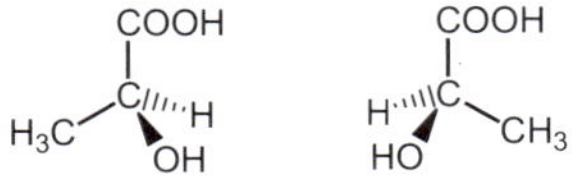

5)

存在しない。右の構造式で表される分子も立体構造式で描けば同じもの。

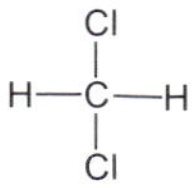

6)

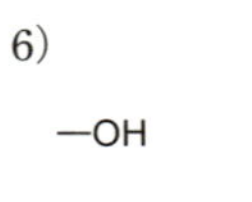

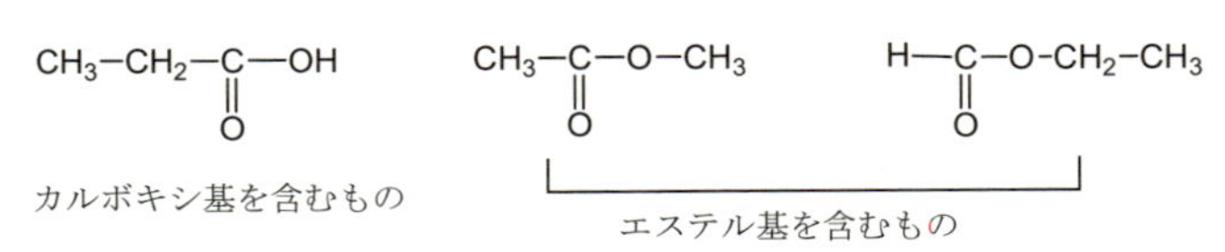

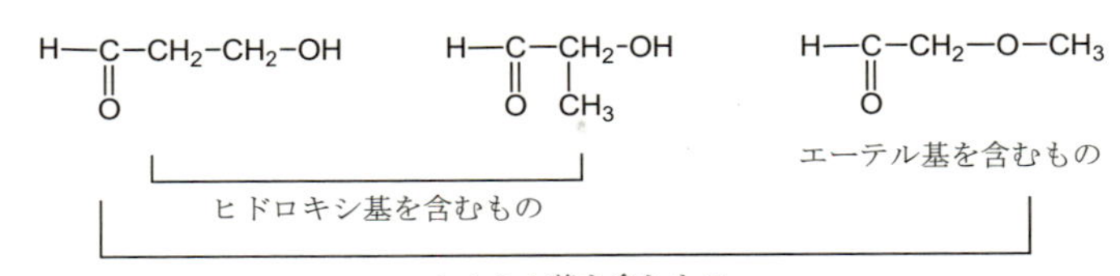

ヒドロキシ基　カルボニル基

カルボキシ基を含むもの　エステル基を含むもの

ヒドロキシ基を含むもの　エーテル基を含むもの

ホルミル基を含むもの

7) オルト，メタ，パラ異性体

o-ジクロロベンゼン

m-ジクロロベンゼン

p-ジクロロベンゼン

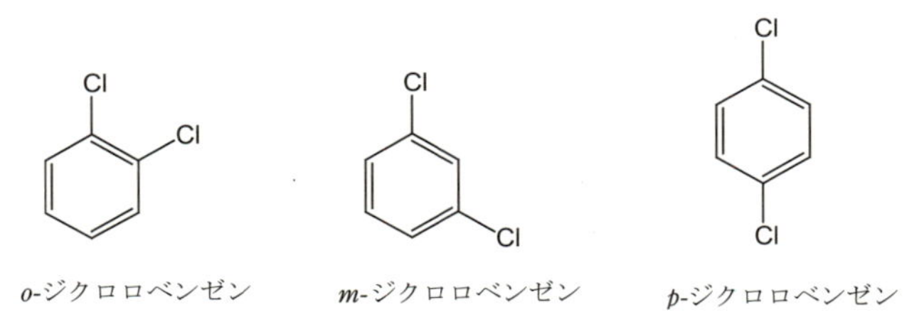

5　章

1)

気体の状態方程式 $PV = nRT$　に与えられた数値を代入すると，

$(740/760) \times 0.340 = n \times 0.082 \times (273 + 123)$

$\therefore n = 0.0102$ (mol)

また，分子量を M とすると，

$0.60 / M = 0.0102$

$\therefore M = 59$

2)

極性分子；NH_3, H_2S, HI, CH_3OH

非極性分子；CH_4, CCl_4, C_3H_8, Cl_2

3)

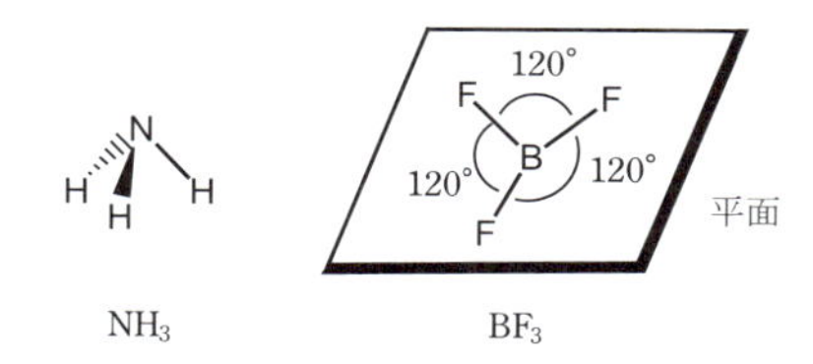

6 章

1)

$$H_2\,(\text{気体}) + 1/2\ O_2\,(\text{気体}) = H_2O\,(\text{気体}) + 242\ \text{kJ}$$

$$H_2O\,(\text{気体}) = H_2O\,(\text{液体}) + 44\ \text{kJ}$$

+)

$$H_2\,(\text{気体}) + 1/2\ O_2\,(\text{気体}) + H_2O\,(\text{気体}) = H_2O\,(\text{気体}) + H_2O\,(\text{液体}) + 286\ \text{kJ}$$

$$\therefore\ H_2\,(\text{気体}) + 1/2\ O_2\,(\text{気体}) = H_2O\,(\text{液体}) + 286\ \text{kJ}$$

2)

$$3H_2 + N_2 \rightleftharpoons 2NH_3$$

圧力を高くすると右方向へ平行移動。

3)

$$H_3CH_2COOH + CH_3OH \longrightarrow CH_3CH_2COOCH_3 + H_2O$$

$$\begin{array}{c} CH_2OH \\ | \\ CH_2OH \end{array} + 2\ CH_3COOH \longrightarrow \begin{array}{c} CH_3COOCH_2 \\ | \\ CH_3COOCH_2 \end{array} + H_2O$$

7 章

1)

例えば

$$CH_3COOH + NH_3 \longrightarrow CH_3COONH_4$$

$$H_2SO_4 + KOH \longrightarrow K_2SO_4 + 2H_2O$$

2)

$0.050 \times 2 \times 10.0 = c \times 8.0$　より

水酸化ナトリウムのモル濃度 $c = 0.125$ mmol/L

8　章

1)

S　酸化された。

Ag　還元された。　Cu　酸化された。

Mn　還元された。　Cl　酸化された。

2)

還元剤はそれぞれ，HNO_3，SiO_2，$HgCl_2$

3)

1-プロパノールから　　2-プロパノールから

CH_3-CH_2-CHO（H–C(H)(H)–C(H)(H)–C(=O)–H）

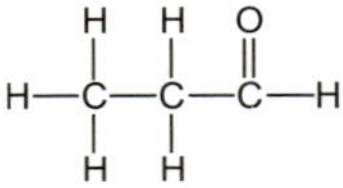

プロピオンアルデヒド

$CH_3-CO-CH_3$（H–C(H)(H)–C(=O)–C(H)(H)–H）

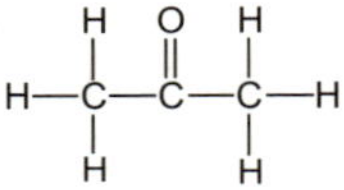

アセトン

9　章

1)

後者は炭化水素部分の炭素鎖が短いので，界面活性剤にならない。

2)

$$CH_3CH_2COOCH_2CH_3 + H_2O \longrightarrow CH_3CH_2COOH + CH_3CH_2OH$$

$$CH_3CH_2COOH + CH_3NH_2 \longrightarrow CH_3CH_2CONHCH_3 + H_2O$$

3)

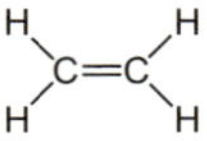

$H_2C=CH_2$　エチレン

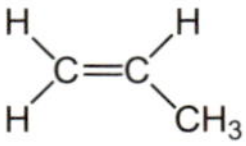

$H_2C=CH-CH_3$　プロピレン

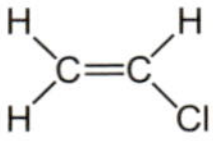

$H_2C=CH-Cl$　塩化ビニル

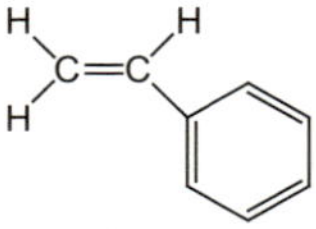

$H_2C=CH-C_6H_5$　スチレン

4)

$$H_2N-CH(CH_3)-COOH + H_2N-CH(CH_3)-COOH \longrightarrow H_2N-CH(CH_3)-C(=O)-NH-CH(CH_3)-COOH + H_2O$$

5)

pH 3 では　　pH 12 では

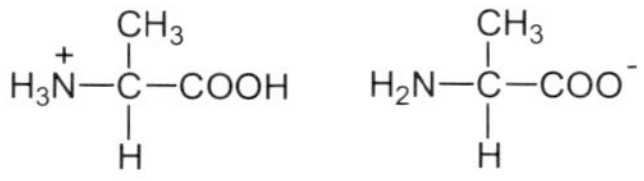

$$H_3\overset{+}{N}-\underset{H}{\overset{CH_3}{C}}-COOH \qquad H_2N-\underset{H}{\overset{CH_3}{C}}-COO^-$$

6)

エステルの加水分解（けん化）が起こるため，高分子鎖のところどころが切れて短くなったり，短くなったものが溶け出たりする。その結果，ポリエステル繊維は絹のような光沢としなやかさを持つようになる。これは，減量加工として実際に行われている。

索　引

さ 行

た　行

な　行

は　行

ま　行

や　行

著者略歴

大野惇吉（おおのあつよし）
1960年　京都大学大学院理学研究科修士課程修了
現　在　京都大学名誉教授
理学博士

安井伸郎（やすいしんろう）
1976年　九州大学大学院理学研究科修士課程修了
現　在　帝塚山大学名誉教授
理学博士

牛田　智（うしださとし）
1984年　京都大学大学院理学研究科博士後期課程修了
現　在　武庫川女子大学名誉教授
理学博士

塩路幸生（しおじこうせい）
1996年　京都大学大学院理学研究科博士後期課程修了
現　在　福岡大学理学部教授
理学博士

新化学「もの」を見る目

1988年3月10日　初版第1刷発行
2001年3月20日　新版第1刷発行
2015年1月20日　改題第1刷発行
2024年4月1日　改題第5刷発行

 著　者　大野惇吉
安井伸郎
牛田　智
塩路幸生
発行者　秀島　功
印刷者　荒木浩一

発行所　**三共出版株式会社**　東京都千代田区神田神保町3の2
振替 00110-9-1065
郵便番号 101-0051　電話 03(3264)5711(代)　FAX 03(3265)5149

一般社団法人日本書籍出版協会・一般社団法人自然科学書協会・工学書協会 会員

Printed in Japan　印刷・製本　アイ・ピー・エス

ISBN 978-4-7827-0682-4

元素の周期表

原子番号 — 1 — H — 元素記号
元素名 — 水素
原子量 — 1.008

非金属元素
金属元素

	1	2	3	4	5	6	7	8	9
1	1H 水素 1.008								
2	3Li リチウム 6.941	4Be ベリリウム 9.012							
3	11Na ナトリウム 22.99	12Mg マグネシウム 24.31							
4	19K カリウム 39.10	20Ca カルシウム 40.08	21Sc スカンジウム 44.96	22Ti チタン 47.87	23V バナジウム 50.94	24Cr クロム 52.00	25Mn マンガン 54.94	26Fe 鉄 55.85	27Co コバルト 58.93
5	37Rb ルビジウム 85.47	38Sr ストロンチウム 87.62	39Y イットリウム 88.91	40Zr ジルコニウム 91.22	41Nb ニオブ 92.91	42Mo モリブデン 95.95	43Tc* テクネチウム (99)	44Ru ルテニウム 101.1	45Rh ロジウム 102.9
6	55Cs セシウム 132.9	56Ba バリウム 137.3	57〜71 ランタノイド	72Hf ハフニウム 178.5	73Ta タンタル 180.9	74W タングステン 183.8	75Re レニウム 186.2	76Os オスミウム 190.2	77Ir イリジウム 192.2
7	87Fr* フランシウム (223)	88Ra* ラジウム (226)	89〜103 アクチノイド	104Rf* ラザホージウム (267)	105Db* ドブニウム (268)	106Sg* シーボーギウム (271)	107Bh* ボーリウム (272)	108Hs* ハッシウム (277)	109Mt マイトネリウ (276)

57〜71 ランタノイド	57La ランタン 138.9	58Ce セリウム 140.1	59Pr プラセオジム 140.9	60Nd ネオジム 144.2	61Pm* プロメチウム (145)	62Sm サマリウム 150.4	63Eu ユウロピウ 152.0
89〜103 アクチノイド	89Ac* アクチニウム (227)	90Th* トリウム 232.0	91Pa* プロトアクチニウム 231.0	92U* ウラン 238.0	93Np* ネプツニウム (237)	94Pu* プルトニウム (239)	95Am アメリシウ (243)

本表の４桁の原子量はIUPACで承認された値である。なお，元素の原子量が確定できないもの

＊安定同位体が存在しない元素。